Mein Einstieg in die Selbstständigkeit

Existenzgründung Schritt für Schritt erklärt: Unternehmensgründung von der Ideenfindung über den Businessplan bis zum Marketing & vieles mehr

Theo Hilmer

Inhaltsverzeichnis

Einleitung

Die berufliche Selbstständigkeit hört sich verlockend an. Sie sind ihr eigener Chef, bestimmen Arbeitszeiten und -ort und suchen sich die Aufträge aus, auf die Sie Lust haben. In vielen Berufsbildern sieht der Alltag eines Selbstständigen wirklich so aus - das geht aber auch nicht ohne Verpflichtungen und Herausforderungen.

Selbstständig machen kann sich theoretisch jeder, der die formalen Voraussetzungen erfüllt. Je nach ausgeübter Tätigkeit sind diese unterschiedlich, grundsätzlich aber brauchen Sie dafür einen festen Wohnsitz und eine Gewerbeanmeldung beim Gewerbeamt. Bei manchen Berufen benötigen Sie zusätzlich noch eine Erlaubnis der zuständigen Behörde. Die Selbstständigkeit ist dabei vom freiberuflichen Status zu unterscheiden: Freiberufler sind etwa Ärzte und Rechtsanwälte. Wer zu den Freiberuflern gehört, ist gesetzlich festgelegt, und wer nicht zu diesen freien Berufen gehört, wird als Selbstständiger betrachtet.

Die Gewerbeanmeldung an sich ist innerhalb weniger Minuten vollzogen. Schwieriger wird es mit den Fragen, die sich danach stellen. Wie gestalten sich jetzt Kranken- und Altersvorsorge? Ist eine nebenberufliche Selbstständigkeit möglich und wenn ja, was muss dabei beachtet werden? Können auch Studenten schon selbstständig sein? Welche fachlichen und persönlichen Voraussetzungen sollten Sie mitbringen? Welche Steuern, Rechte und Pflichten kommen jetzt auf Sie zu? Welche Vor- und Nachteile hat es, selbstständig zu sein?

Was Sie jetzt brauchen, ist ein klarer Fahrplan. Ob Sie bereits ein ausgearbeitetes Geschäftsmodell haben oder erst mit dem Gedanken einer Selbstständigkeit spielen - dieses Buch beantwortet alle wichtigen Fragen rund um den mutigen Schritt in die Selbstständigkeit. Der Gegenstand Ihrer Arbeit liegt im Bereich Ihrer Expertise und darin kann Sie niemand besser beraten als Sie sich selbst. Die Rechte, Pflichten und Verwaltungsaufgaben sind aber unabhängig von Ihrer Tätigkeit die gleichen und wenn Sie diese kennen und verstehen, dann löst sich das größte Fragezeichen bei der Gründung auf. Sie wissen nach der aufmerksamen Lektüre dieses Buchs genau, worauf Sie sich einlassen, können Stolpersteinen aus dem Weg gehen und sich einen akkuraten Zeit- und Handlungsplan zurechtlegen, um für die spannende Zeit vor und nach der Gründung bereit zu sein. So können Sie sich gleich voll auf die Arbeit konzentrieren, die Ihnen wirklich Spaß macht und für die Sie diesen wichtigen Schritt überhaupt auf sich nehmen wollen.

1

Ideenfindung

Sie wollen sich selbstständig machen - aber womit? Was können Sie, was kein Hersteller oder Dienstleister so gut kann wie Sie und wofür es auch einen interessierten Markt gibt? Zur Inspiration haben wir hier einige eher ausgefallene Tätigkeiten, mit denen sich Fachleute schon erfolgreich selbstständig gemacht haben:

- Online Marketing- und Datenwissenschafts-Experte mit Schwerpunkt auf Business Intelligence-Dashboards für Fintech-Unternehmen
- Etsy-Shopbetreiber für selbst gestrickte und gehäkelte Babymode aus nachhaltigen Materialien mit Designs nach Wunsch
- Ernährungs- und Fitnessberater für Führungskräfte mit wenig Zeit
- Import von Frischluft aus den Rocky Mountains in kanadische Großstädte mit schlechter Luftqualität (Geschäftsmodell eines Start-ups aus Kanada)
- Hotline für Gestresste, unter der sie ihren Gesprächspartner anschreien, beschimpfen oder mit ihm streiten können

Sie sehen: wo ein Markt und somit Nachfrage ist, dort ist alles möglich. Während der Datenwissenschaftler in seinen besten Monaten ein fünfstelliges Gehalt erwirtschaftet, eignet sich der Etsy-Shop mit selbst gehäkelten Schätzen eher als Nebenerwerb für Talentierte, die das gerne machen und nebenbei noch Freizeit haben. Das ist auch gut und richtig so, denn stricken kann jeder lernen und Datenwissenschaften erfordern ein (Selbst-)Studium.

In diesem Kapitel geht es darum, Ihre Idee auf Herz und Nieren zu prüfen und zu helfen, wenn Sie noch keine Idee haben, aber den Wunsch, selbstständig zu arbeiten.

1.1 Was macht mir Spaß und wer bin ich?

Beginnen wir mit Fall Nummer eins - selbstständig sein? Ja bitte! Womit? Das ist die Frage aller Fragen.

Die Selbstständigkeit wird einen großen Teil Ihres Alltags ausmachen. Deswegen sollten Sie eine Tätigkeit aussuchen, die sie gut beherrschen und auch gerne machen. Wenn Sie im aktuellen Job unglücklich sind und das mitunter an der Tätigkeit liegt, wäre eine Selbstständigkeit auf dieser Basis keine gute Idee. Wichtig ist aber nicht nur, dass Sie den Gegenstand ihrer Selbstständigkeit gut beherrschen, sondern dass Sie dies auch durch Qualifikationen nachweisen können. Die Art der Qualifikation kommt auf den Gegenstand ihrer Arbeit an. In Frage kommen beispielsweise folgende Nachweise:

- Universitärer Abschluss, Meisterbrief oder abgeschlossene Berufsausbildung
- Belegbare Referenzen durch Ihre bisherige hauptberufliche Tätigkeit
- Case Studies, Fotos, Videos oder andere Formate, die Beispiele Ihrer Arbeit zeigen

Möchten Sie beispielsweise in der IT, im Marketing oder Vertrieb selbstständig werden, dann sollten Sie einen entsprechenden fachlichen Hintergrund haben. Projekte aus Ihren bisherigen Arbeitsverhältnissen, die Sie erfolgreich gemeistert haben, können ein guter Einstieg für eine solche Tätigkeit sein und künftigen Auftraggebern beweisen, dass Sie wirklich können, was Sie anbieten. Wenn Sie eher Ihr Hobby zum Beruf machen wollen, dann müssen Sie auf bisherige Projekte und Arbeiten setzen. Wer beispielsweise eine Tanzschule eröffnen, einen kreativen

Kurs anbieten oder Kunst verkaufen möchte, muss die Kunden davon überzeugen, dass das Ergebnis ihnen gefallen wird. Worauf könnten Sie zurückgreifen, um das glaubhaft zu machen?

Ihre Idee für die Selbstständigkeit muss zusammengefasst also folgende Kriterien erfüllen:

1. Sie beherrschen diese Tätigkeit sehr gut und gehen darin auf
2. Sie können nachweisen, dass Sie das beherrschen

Zusätzlich zu diesen beiden Optionen gibt es noch einen dritten Faktor. Was Sie heute noch nicht perfekt beherrschen, können Sie erlernen. Deswegen muss noch eine dritte wichtige Frage gestellt werden.

Können Sie das, womit Sie sich selbstständig machen wollen, erlernen und sich die Qualifikation und Referenzen noch erarbeiten?

Gehen Sie in einem ruhigen Moment in sich. Hinterfragen Sie, was Sie bisher im Leben gut und gerne gemacht haben, auch wenn das aktuell nicht Ihr Hauptberuf ist. In welcher Tätigkeit können Sie sich vorstellen, freiwillig und gerne länger zu arbeiten, weil Sie das gerne machen?

1.2 Ist meine Idee SMART?

Wenn Sie eine Idee entwickelt haben, mit der Sie sich in einer Selbstständigkeit sehen, dann muss diese auf Herz und Nieren geprüft werden. Wer einen betriebswirtschaftlichen Hintergrund hat, kennt die Abkürzung SMART. Sie steht für:

S	pezifisch
M	essbar
A	kzeptiert
R	ealistisch
T	erminiert

Spezifisch

Unsere obigen Beispiele von teils sehr ausgefallenen Geschäftsideen haben eine Gemeinsamkeit. Sie sind alle spezifisch, und das ist auch der Kern einer umsetzbaren und vielversprechenden Idee. Angenommen, Sie haben bisher als Angestellte im Blumenladen gearbeitet: einen eigenen Blumenladen eröffnen wird Sie nicht zwingend zum Erfolg führen. Spezialisieren Sie sich hingegen auf Brautsträuße und Hochzeitsblumen und lassen sich dabei von den modernen Trends in sozialen Netzwerken inspirieren, verändert das viel. Wandern Sie in einen Stadtteil, in welchem Ihre Kundschaft angesiedelt ist, oder ergattern einen Laden in Friedhofsnähe (so makaber das auch ist) ist auch diese Idee schon das entscheidende Stück spezifischer geworden und Ihr Erfolg wird damit wahrscheinlicher. Eine spezifische und damit vielversprechende Geschäftsidee erklärt also nicht nur den Geschäftszweck, sondern auch, wieso Ihre Selbstständigkeit anders ist als das, was schon auf dem Markt verfügbar ist.

Messbar

Bleiben wir bei dem Beispiel des Blumenladens. Angenommen, Sie möchten Ihrer eigenen Leidenschaft für Rosen und bestimmte Züchtungen in den Vordergrund rücken. Rosen sind ihre Lieblingsblumen, aber sind es auch die Lieblingsblumen ihrer Kunden? Ein schneller Blick auf die aktuellen Hochzeiten im Freundeskreis wird verraten, dass Rosen gar nicht mehr unbedingt zu den beliebtesten Blumen der künftigen Kunden gehören. Vielmehr wünschen sie sich Blumendeko, die zum Boho-Stil passt und am besten noch nachhaltig angepflanzt wurde.

In der herkömmlichen Definition smarter Ziele bedeutet Messbarkeit, dass hinter dem Ziel ein Wert steht, anhand dessen bestimmt wird, wann das Ziel erreicht ist. Bei der Bewertung einer Idee hingegen bedeutet das eher, dass die Realität als Maßstab herangezogen wird. Kann Ihre Idee in der Welt, wie sie heute ist, funktionieren? Gibt es Nachfrage dafür? Wie Sie Nachfrage erkennen, werden wir im folgenden Kapitel beleuchten, denn neue Ideen erfordern auch neue Wege, wo es noch keine belastbaren Zahlen gibt.

Akzeptiert

In der Betriebswirtschaftslehre bedeutet dieser Punkt, dass das Unternehmen ein Ziel wirklich akzeptiert und nicht nur zustimmt, weil die Belegschaft das muss. Als Selbstständiger führen Sie vielleicht noch kein Unternehmen mit Mitarbeitern, müssen aber dennoch auf die Unterstützung ihres Umfeldes und der Gesellschaft setzen. Wenn Sie Kinder haben, müssen Sie sich beispielsweise darauf verlassen können, dass diese betreut werden, wenn Sie zu ungewöhnlichen Zeiten oder länger als im Angestelltenverhältnis arbeiten müssen. Das erfordert die Unterstützung Ihres Partners oder Ihrer Familie.

Akzeptiert sein muss auch ihre Tätigkeit, was eher die Gesellschaft betrifft. Eine gründliche Marktforschung beantwortet die Frage, ob es überhaupt Nachfrage gibt. Doch wird es den Beruf, den Sie sich ausgesucht haben, auch in einigen Jahren noch geben? Oder ist das unwichtig, weil Sie sich von diesem Punkt aus weiterentwickeln wollen? Handelt es sich sogar um eine innovative Geschäftsidee, die einen bestehenden Beruf revolutionieren soll? Ist die Gesellschaft für diese Idee schon bereit und woran machen Sie das fest? Wie hoch sind Ihre Eintrittshürden und sind Sie bereit, diesen Weg zu gehen?

Realistisch

Wenn Sie sich den bisherigen Fragen gründlich überlegt stellen, dann können Sie sich auch schon die nächste Frage beantworten. Ist ihre Geschäftsidee realistisch?

Mit groben Geschäftsideen brauchen Sie unter anderen Unternehmern nicht vorsichtig zu sein. Die meisten Gründungswilligen, mit denen Sie reden, haben selbst so viele Ideen, dass sie gar nicht auf die Idee kämen, Ihre zu klauen. Die meisten dieser Ideen wirken auf den ersten Blick sehr spannend, doch bei einer gründlichen Analyse stellt sich dann heraus, dass sie gar nicht machbar sind.

Ob eine erste Idee Bestand hat, können Sie herausfinden, indem Sie sie noch genauer definieren. Wer sind Ihre Kunden und wie können Sie an diese herantreten? Wie groß ist der Markt? Welche Hürden sehen Sie jetzt schon auf sich zukommen und welche Lösungen fallen Ihnen dafür ein? Oder gibt es keine Lösung und Sie finden heraus, dass die Idee doch nicht praktikabel ist? Was müsste an Ihrer Idee anders sein, damit sie auf dem Markt doch Bestand hat?

Um eine bestehende Idee zu bewerten, können Sie zum Abschnitt 1.4 springen. Hier stellen wir eine Methode vor, eine Idee gründlich zu beleuchten und zu prüfen, ob diese geschäftsfähig ist.

Terminiert

Das Gefühl, noch nicht bereit für die große Herausforderung zu sein, ist normal. Respekt vor einer so großen Aufgabe wie einer Gründung ist absolut angemessen. Ihre Geschäftsidee sollte aber dennoch nichts sein, was Sie nicht jetzt umsetzen können.

Was bedeutet das?

Fast jeder, der sich erfolgreich selbstständig gemacht hat, stand schon an diesem Punkt vor der Gründung, an dem die Selbstständigkeit an sich infrage gestellt wurde. Respekt vor der Herausforderung ist normal, doch wenn diese Idee jetzt nicht funktioniert und fraglich ist, ob der Zeitpunkt jemals richtig sein wird, dann ist es nicht die Idee, die Sie weiter verfolgen sollten. Oder doch? Versuchen Sie mithilfe dieser Fragen herauszufinden, ob Sie aus Angst Ausreden suchen (und finden) oder ob der Weg nur steinig, aber trotzdem lohnenswert ist:

- Was spricht dagegen, mich genau jetzt selbstständig zu machen?
- Welche Qualifikationen brauche ich, um mich in meiner Selbstständigkeit sicher zu fühlen und ernst genommen zu werden? Wie kann ich mir diese Qualifikationen erarbeiten?
- Was könnte schlimmstenfalls und bestenfalls passieren, wenn ich mich jetzt selbstständig mache?
- Gibt es einen realistischen, machbaren Mittelweg wie eine Selbstständigkeit im Nebenerwerb, parallel zu meinem jetzigen Hauptberuf?
- Wenn meine Idee nicht aufgeht - was kann ich verändern, damit sie doch wieder funktioniert?

Ihre Geschäftsidee muss ein Konzept sein, welches Sie angehen können. Spruchreif ist das Geschäftsmodell dann, wenn Sie einen klaren Fahrplan erarbeiten und auf dieser Grundlage durchstarten können. Können Sie die Idee wirklich erst in einigen Jahren umsetzen oder ist der Markt Ihren Erkenntnissen nach noch nicht reif dafür, dann ist sie nichts, worauf Sie bauen können.

1.3 Wie geheim sollten Ideen sein?

In großen, innovativen Unternehmen ist die Angst, kopiert zu werden, allgegenwärtig. Das ist auch berechtigt, denn andere vergleichbare Unternehmen wären einfach in der Lage, ein innovatives Konzept schneller und besser auf den Markt zu bringen und das muss verhindert werden. Diese Begründung zeigt Ihnen allerdings schon, wieso sie mit ihrer Idee wahrscheinlich weniger Geheimniskrämerei betreiben müssen. Wenn Sie nicht gerade ein innovatives Produkt oder Konzept auf den Markt bringen wollen, dann können Sie sich sicher sein, dass die meisten anderen Menschen ebenfalls viel zu viele eigene Ideen haben, um ihre kopieren zu wollen.

Bedenken Sie beim Austausch mit anderen: Ideen erfahrener Personen können Sieweiterbringen. Überlegen Sie sich deswegen vor jedem Austausch, ob die andere Person Ihnen mit Erfahrung oder Fachwissen weiterhelfen kann. Selbst wenn sie nicht direkt mit einem Unternehmensberater oder einem erfahrenen Gründer reden, kann das Feedback anderer Leute für Sie sehr wertvoll sein. Womöglich handelt es sich um ihre künftigen Kunden, oder Sie erhalten einfach nur eine Vogelperspektive auf ihre Geschäftsidee und entdecken dabei Aspekte, die Ihnen selbst nicht bewusst waren. Betriebsblindheit gibt es auch unter Gründern und Selbstständigen.

Wovor Sie ebenfalls keine Angst haben müssen, ist der Bankberater, wenn Sie beispielsweise einen Kredit aufnehmen müssen. Ganz im Gegenteil: Je detaillierter Sie Ihre Idee darlegen können, desto eher kann sich der Bankberater darunter etwas vorstellen und die Wirtschaftlichkeit einschätzen. Auf diesen Punkt kommen wir im Bereich des Businessplans noch im Detail zu sprechen. Auch eine Bank hat kein Interesse daran, ihre Idee zu kopieren, da das wahrscheinlich gar nicht im Bereich der Geschäftstätigkeit einer Bank liegt.

Die meisten Geschäftsideen im Bereich der Dienstleistungen bieten kein Potenzial, kopiert zu werden. Für Sie bedeutet das: Sie dürfen über Ihre Idee reden, ohne Befürchtungen zu haben, kopiert zu werden. Vielmehr bietet es Ihnen sogar Vorteile, sich frühzeitig darüber auszutauschen. Nur so erhalten Sie wertvolle Meinungen und können vom Fachwissen oder von der Erfahrung andere profitieren. Vielleicht werden sie in der ersten Zeit auch in einem Gemeinschaftsbüro oder im Co-Working arbeiten, wo viele andere Selbstständige sind, die Ihnen mit Rat und Erfahrung zur Seite stehen. Je besser diese verstehen, was Sie machen, desto besser können sie Ihnen vielleicht sogar neue Kunden bringen. Das geht natürlich auch außerhalb des Büros. Je mehr Menschen wissen, dass Sie selbstständig sind und Kunden annehmen, desto eher können Sie weiter empfohlen werden.

Sofern Ihre Idee in den schützenswerten Bereich fällt, gibt es gesetzliche Möglichkeiten. Haben Sie beispielsweise ein Produkt entwickelt, steht Ihnen die Möglichkeit offen, dieses zu patentieren. Außerdem gibt es das Urheberrecht. Veröffentlichen Sie beispielsweise E-Books oder jede andere Art von Inhalt, dann liegt das Urheberrecht bei Ihnen. Es gilt unter anderem auch für Kunst, Choreografien, Fotografien, Grafikdesigns oder Musik. Wenn Sie in diesem Bereich tätig sind, dann müssen Sie das Urheberrecht gar nicht gesondert anmelden. Sie sind bereits dadurch geschützt.

1.4 Wie recherchiere ich Angebot & Nachfrage, den richtigen Standort und potenzielle Kunden?

Die Tauglichkeit einer Idee hängt mitunter davon ab, ob Sie durch Ihre Selbstständigkeit ein Einkommen erwirtschaften können. Die große Frage lautet also: Gibt es einen Markt für Ihre Idee? Wenn Sie zufällig in der Marktforschung arbeiten, dann wissen Sie jetzt genau, wie Sie vorgehen müssen - oder? Tatsächlich ist die Marktforschung für eine Geschäftsidee für die Selbstständigkeit gar nicht so einfach und das genaue Vorgehen hängt von der konkreten Idee ab. Stellen Sie sich darauf ein, um die Ecke zu denken, um an relevante Daten zu kommen.

Zunächst müssen Sie die Frage klären: Wer sind meine Kunden? Je genauer Sie beschreiben können, für wen Ihr Angebot infrage kommt, desto akkurater können Sie auch Ihre Recherchen ausführen. Möchten Sie beispielsweise ein Geschäft für Reitsport eröffnen, werden Sie zunächst denken, dass die ganze Stadt ihre potentielle Kundschaft ist. Das stimmt jedoch noch nicht ganz. Schließlich reitet nicht jeder. Sie können versuchen, herauszufinden, wie viele Pferde es im Umkreis gibt und daraus ableiten, wie viele Menschen in Ihrem Einzugsgebiet somit Pferde besitzen und Ausgaben für Ihre Tiere tätigen müssen. Darüber hinaus ist interessant, wie viele andere Geschäfte sich in der Gegend auf Reitsport spezialisiert haben. Daraus können Sie sich ableiten, ob Sie noch weitere Städte mit Ihrem Angebot abdecken können. Haben diese Geschäfte das gleiche Sortiment oder können Sie durch besondere gefragte Produkte auch überregional interessant werden? Als Faustregel können Sie sich merken: Wenn Ihre Kunden "alle in einem bestimmten Alter" sind, dann sind das noch lange nicht Ihre Kunden. Denken Sie auch jetzt schon kreativ. In unserem Beispiel kaufen schließlich nicht nur die Besitzer der Pferde bei Ihnen ein, sondern beispielsweise auch die jungen Leute, die eine Reitbeteiligung am Pferd haben und somit Reitkleidung oder Leckerlis für das Tier brauchen.

Sobald Sie Ihre Kunden erkannt und definiert haben, geht es darum, herauszufinden, wie viele potenzielle Kunden es für Sie gibt. Hier können Ihnen die öffentlichen und kostenlosen Statistiken des Statistischen Bundesamtes weiterhelfen, die Sie auf Statista.de aufrufen können. Häufig werden Sie aber Kunden ausfindig gemacht haben, zu denen es keine genau passenden Statistiken gibt. Mit den vorhandenen Zahlen können Sie aber dennoch arbeiten. Möchten Sie beispielsweise Kinderspielzeug herstellen und vertreiben, dann können Sie sich an den Geburtenzahlen orientieren. Jedes dieser Kinder ist ein potenzieller Nutzer Ihres Spielzeuges, und somit sind die Eltern alle Ihre potenziellen Kunden.

Möchten Sie sich hingegen mit einer Dienstleistung selbstständig machen, brauchen Sie keine große Masse an Kunden, sondern eher einige wenige, die wirklich passen. Hier kann es helfen, Unternehmen zu recherchieren, die als Kunden für Sie infrage kommen. Je spezifischer Ihre angebotene Dienstleistung, desto kleiner wird auch der Kreis an Kunden und desto schwieriger wird es, bei diesen Kunden einen Auftrag zu ergattern. An dieser Stelle können Sie sich bereits überlegen, wie Sie an die in Frage kommenden Unternehmen herantreten können. Womöglich kennen Sie aus Ihrer bisherigen beruflichen Laufbahn dort jemanden, dem Sie Ihre Dienstleistung direkt und persönlich anbieten können.

Anhand dieser Überlegungen können Sie bereits erkennen, dass es für manche Geschäftsideen sehr wichtig sein kann, wo Sie sitzen. Dann, wenn Kunden Sie erreichen können müssen, ist es wichtig, dass Sie für die Kunden auch zugänglich sind. Jedes niedergelassene Einzelhandelsgeschäft weiß das. In diesem Fall müssen Sie auch eine Standortanalyse durchführen, also sich Gedanken über folgende Themen machen:

- Wie weit sind die Fahrwege für meine potenziellen Kunden?
- Wird den Kunden dieser Fahrweg das wert sein?
- Kann ich meinen Kunden anbieten, zu ihnen vor Ort zu kommen? Was würde mich das kosten und lohnt sich das für mich?
- Wie reisen die Kunden an und ist das bequem für sie? Gibt es Parkplätze, die sie nutzen können?
- Ermöglicht mein Standort mir, weitere Kunden zu gewinnen, indem sie mich und meinen Standort sehen? Wie kann ich Kunden auf diesen Standort aufmerksam machen?

Ein gefragter Fachmann wie ein Facharzt kann es sich beispielsweise leisten, nicht direkt in der Innenstadt zu sitzen, da die Patienten ihn auch dann aufsuchen werden, wenn der Weg weiter ist. Ein Ladengeschäft hingegen lebt von der Laufkundschaft. Viele Immobilienbüros sitzen ganz bewusst an stark befahrenen Straßen und mieten bewusst Flächen mit großen Fenstern, um ihre verfügbaren Objekte dort aushängen zu können. So können potenzielle Interessenten auch dann vorbeikommen, wenn das Büro geschlossen ist, um sich die freien Objekte anzusehen. Genau so machen es Klamottengeschäfte. In diesen Läden ist auch sonntags und nach Ladenschluss immer das Licht im Fenster an, denn es gehen trotzdem Menschen an diesen Fensterfronten vorbei und können dabei etwas entdecken, was sie dann während der Öffnungszeiten kaufen.

Selbst dann, wenn Sie sich als Dienstleister selbstständig machen, sollten Sie bedenken, von wo Sie arbeiten. Denn wenn Sie einmal Kunden besuchen müssen, wollen Sie keine weiten Wege und ständige Übernachtungen im Hotel. Haben Sie hingegen Kunden bei sich vor Ort, macht es womöglich Sinn, ein Büro zu mieten und nicht immer nur einen Besprechungsraum im Hotel zu buchen, da ein Mietbüro Sie insgesamt weniger kostet als der Besprechungsraum im Hotel. Zudem können Sie dann auch den Sitz des Unternehmens im gemieteten Büro anmelden, wenn der Vermieter beispielsweise dagegen ist, dass Sie bei sich zu Hause ein Gewerbe anmelden.

1.5 Praxistipp: Geschäftsmodellierung mit dem Canvanizer

Wie abstrakt die Ideenentwicklung sein kann, werden Sie spätestens dann bemerken, wenn Sie Ihre Idee zu Papier bringen wollen. Es fängt schon mit der Darstellung an. Wo gehören die Kunden hin, wo wird die Idee an sich beschrieben und wie lassen sich Verdienstmöglichkeiten darstellen? Es klingt so einfach, aber tatsächlich scheitern viele Gründungswillige schon an diesen Aufgaben.

Dabei kann ein einfaches, digitales und kostenloses Tool namens Canvanizer helfen. Entwickelt wurde es von einem Team um Alexander Osterwalder, einem Schweizer Management-Theoretiker und Redner. Bekannt wurde er für seine Arbeit am Business Model Canvas, welches der Canvanizer digitalisiert hat. In diesem Tool gibt es viele nützliche Vorlagen, um eine Idee zu bewerten, darunter auch die klassische SWOT-Analyse. Um Ihre Idee anfänglich zu verschriftlichen, eignet sich allerdings am besten das Business Model Canvas, mit dem alles begann.

In dieser einfachen, aber effektiven Vorlage können Sie definieren, worin Ihre Idee besteht, von welchen Faktoren sie abhängig ist, wie Sie damit Geld verdienen können, wer Ihre Kunden sind, wie Sie Beziehungen zu diesen Kunden aufbauen und pflegen und wie auch Ihr Marketing grob aussehen wird. An dieser Vorlage können Sie entweder alleine oder auch zusammen mit anderen arbeiten. Das Ganze funktioniert wie eine große Leinwand, jeder neue Punkt wird mit einem digitalen Post-it befestigt und kann somit auch jederzeit verändert werden. Das erlaubt volle Flexibilität in der Ideenfindung, bietet Ihnen aber einen guten Start, um die Idee festzuhalten und auch bei der Arbeit alleine schon erste Schwächen auszumachen und Lösungen für diese zu finden.

Checkliste

Am Ende dieses Kapitels sollten Sie dazu in der Lage sein, Ihre Geschäftsidee zu konkretisieren und zu bewerten. Sie sollten in einem Satz beschreiben können, worin Ihre Tätigkeit bestehen wird. Je kürzer dieser sogenannte "Elevator Pitch" ausfällt, desto besser. Dieser Begriff stammt übrigens daher, dass Sie einem potenziellen Investor oder Kunden innerhalb kürzester Zeit bei einer zufälligen Begegnung im Aufzug ("Elevator") erklären können müssen, was Sie machen. Zwar ist dieser Ansatz eher für innovative, komplexe Unternehmen gedacht, doch auch als Selbstständiger wird die Situation kommen, in der sie froh sind, den Elevator Pitch zu beherrschen. Vor allem aber haben Sie jetzt die Werkzeuge, um Ihre Idee zu bewerten. Sie wissen, wie Sie Marktpotenziale recherchieren, und dass Sie dafür oft auch kreativ denken müssen, da die Zahlen nicht wie von Ihnen benötigt, schon vorliegen.

Arbeiten Sie diese Checkliste ab, um mit einer verwendbaren und marktfähigen Idee an den Start zu gehen:

- ❑ Erarbeiten Sie eine kurze, bündige Erklärung - am besten in einem Satz - was Sie genau machen wollen
- ❑ Prüfen Sie, ob sie fachlich dazu in der Lage sind, diese Idee umzusetzen. Das müssen Sie auch nachweisen können. Wenn Sie das nicht sind: Was muss passieren, um das zu ändern?
- ❑ Prüfen Sie, ob Ihre aktuellen Lebensbedingungen eine Selbstständigkeit mit dieser Idee ermöglichen und unter welchen Umständen das möglich wäre

- ❑ Finden Sie heraus, wer ihre potenziellen Kunden sind und wie groß ihr künftiger Markt ist
- ❑ Untersuchen Sie, inwieweit Sie von einem festen Standort abhängig sind und ob es einen solchen Standort für Ihre Selbstständigkeit gibt
- ❑ Dokumentieren Sie mit einem Tool wie dem Canvanizer Ihre Idee
- ❑ Stellen Sie Ihre Idee potenziellen Kunden, erfahrenen Gründern, anderen Unternehmen oder Personen mit betriebswirtschaftlichen oder kaufmännischen Kenntnissen vor und nehmen Sie deren Feedback und Kritik an, um die Idee zu verbessern. Lassen Sie diese Erkenntnisse in die Dokumentation ihrer Idee im Canvanizer einfließen

Sie haben eine gründungsreife Idee? Dann müssen Sie jetzt zur Tat schreiten und die Gründung Ihres Unternehmens vorbereiten. Eine der wichtigsten Fragen vor dem Gang zum Gewerbeamt lautet: Welche Rechtsform ist die richtige für Sie?

In vielen Fällen werden Sie als Einzelunternehmer starten. Wenn Sie sich noch unklar darüber sind, ob die eine oder andere Rechtsform sinnvoller ist, dann ist es ein guter Schritt, als Einzelunternehmer anzufangen. Die Gewerbeanmeldung geht schnell und einfach und die Pflichten halten sich in Grenzen. Umfirmieren können Sie von diesem Punkt aus immer. Je nach Gegenstand ihrer Tätigkeit kann es aber auch sinnvoll sein, direkt in eine andere Rechtsform einzusteigen - beispielsweise dann, wenn Sie mehrere Gründer sind, auf Investitionen angewiesen sind oder gegenüber Kunden und Investoren Verbindlichkeit und wirtschaftliche Stabilität ausstrahlen müssen.

Nachfolgend wollen wir die in Frage kommenden Rechtsformen mit all ihren Vor- und Nachteilen vorstellen, um diese wichtige Entscheidung zu vereinfachen.

2.1 Einzelunternehmer

Der Einzelunternehmer ist die unter Selbstständigen am weitesten verbreitete Rechtsform. Das liegt einerseits daran, dass zunächst jeder als Einzelunternehmer gilt, der eine Gewerbeanmeldung durchgeführt hat. Sofern Sie nichts anderes angegeben haben, werden Sie nach ihrer Gewerbeanmeldung als Einzelunternehmer geführt. Dazu füllen Sie auf dem Gewerbeamt lediglich ein Formular aus, bezahlen die Gebühr für die

Anmeldung, die je nach Stadt unterschiedlich ist, und können im Grunde bereits loslegen.

Einzelunternehmer können einen Unternehmensnamen führen, allerdings müssen immer der vollständige Vor- und Nachname des Gewerbetreibenden sowie die ausgeführte Tätigkeit dabei genannt werden. Als Handwerker würde ihr Unternehmen beispielsweise Max Mustermann Handwerksdienstleistungen heißen. Streng genommen müssen Sie auch den Zusatz e. K. führen.

Als Einzelunternehmer haben Sie den Vorteil, dass Sie schnell gründen und somit auch schnell mit Ihrer Arbeit loslegen können. Direkt nach dem Gang zum Gewerbeamt können Sie bereits die erste Rechnung ausstellen. Selbstständige wählen diese Rechtsform daher gerne, da sie die Pflichten der anderen Formen nicht haben wollen und von den Vorteilen dieser Rechtsformen oft gar nicht profitieren könnten. Als Einzelunternehmer sind Sie beispielsweise auch nicht zur doppelten Buchführung verpflichtet, sondern zahlen Umsatz- und Einkommensteuer basierend auf einer einfachen Gewinn- und Verlustrechnung (GuV). Es gibt mittlerweile Software, die die Buchhaltung für Sie komplett automatisieren und am Ende des Jahres auch die GuV automatisch anhand Ihrer Einnahmen und Ausgaben für die Selbstständigkeit erzeugen kann. Sie brauchen somit noch nicht einmal zwingend einen Steuerberater, auch wenn dieser natürlich empfehlenswert ist.

Der Nachteil eines Einzelunternehmens besteht darin, dass Sie auch voll haftbar sind. Die Rechtsform des Unternehmens regelt immer auch die Frage nach der Haftung. Konkret bedeutet das, dass Sie für ihre unternehmerische Tätigkeit als Einzelunternehmer mit ihrem Privatvermögen zur Verantwortung gezogen werden können. Können Sie also beispielsweise ihre geschäftlichen Rechnungen nicht mehr bezahlen, dann können sich Gläubiger auch an Ihren privaten Vermögenswerten bedienen. Andere Rechtsformen wie die GmbH beschränken die

Haftung. Das hört sich zunächst unheimlich an, ist aber wahrscheinlich kein Punkt, den Sie in Erwägung ziehen müssen, wenn Sie keine hohen Investitionen haben oder kein Geschäft mit unklarem Ausgang ausüben. Als Dienstleister etwa werden Sie sich wahrscheinlich nicht in diese ungute Position bringen. Wollen Sie hingegen ein innovatives oder kostspieliges Produkt vermarkten, welches auch Investitionen benötigt, dann ist das Einzelunternehmen nicht die richtige Rechtsform, da Sie eventuelle Investitionen im schlimmsten Fall aus dem Privatvermögen zurückzahlen müssten. Darauf werden sich Investoren nicht einlassen und somit wird es gar nicht erst zu einer Investition in Ihr Unternehmen kommen.

Sonderform: Kleinunternehmer nach § 19 UstG

Eine Sonderform des Einzelunternehmers ist der Kleinunternehmer nach § 19 UStG. Das bedeutet konkret, dass Sie keine Umsatzsteuer erheben und auch keine zahlen müssen. Der Betrag, der auf der Rechnung ausgewiesen wird, gehört Ihnen. Bedingung dafür ist, dass Sie im ersten Kalenderjahr maximal 22.000 Euro brutto einnehmen und im laufenden Jahr nicht mehr als 50.000 Euro. Sobald Sie diese Werte überschreiten, müssen Sie die Umsatzsteuer nachzahlen, sofern Sie nicht plausibel begründen können, dass diese Überschreitung am Beginn des Jahres nicht vorhersehbar war. Erfahrungsgemäß lassen sich die meisten Finanzämter auf eine gute Erklärung ein, allerdings fällt im folgenden Jahr die Kleinunternehmerregelung weg.

Hier liegt auch der größte Fallstrick dieser Regelung. Vorteile hat sie vor allem für Dienstleister, da Sie dadurch Ihre Dienstleistung günstiger anbieten können. Der Kunde zahlt schließlich die Umsatzsteuer nicht. Die Regelung bedeutet aber auch, dass durch Sie gezahlte Umsatzsteuer nicht wieder ausgeglichen werden kann. Da Sie keine Umsatzsteuervoranmeldung abgeben, zahlen Sie auf Waren und Dienstleistungen den vollen Preis und können sich die gezahlte Umsatzsteuer nicht vom Finanzamt zurückholen. Das kann ein Nachteil sein, wenn Sie für Ihr Gewerbe Anschaffungen tätigen müssen oder auch im laufenden Betrieb viel einkaufen müssen. Auch Geschäfte im Ausland können schwierig sein oder die Anwendung der Kleinunternehmerregelung ganz unmöglich machen.

Ideal ist diese Regelung, wenn Sie sich zunächst nebenbei selbstständig machen möchten und keine größeren Anschaffungen planen, auf die Sie Umsatzsteuer zahlen würden. Wenn Sie innerhalb der Umsatzgrenzen der Kleinunternehmerregelung bleiben, ersparen Sie sich in der Buchhaltung und steuerlich unnötige Arbeit.

2.2 GbR

Die GbR oder Gesellschaft bürgerlichen Rechts ist die kleinste mögliche Rechtsform, wenn sich zwei oder mehr Personen zu einer geschäftlichen Tätigkeit zusammenschließen. Es handelt sich immer noch um eine Personengesellschaft und nicht um eine Kapitalgesellschaft. Die Gesellschaft bürgerlichen Rechts ist ideal, wenn sich beispielsweise mehrere Selbstständige zu einem Kollektiv zusammenschließen, aber noch kein größeres Unternehmen daraus machen möchten. Auch Handwerker, deren Dienstleistungen sich ergänzen, die aber keine GmbH oder UG gründen möchten, schließen sich im ersten Schritt gerne zu einer GbR zusammen. Eine Besonderheit der GbR ist, dass sie automatisch zu einer offenen Handelsgesellschaft (OHG) wird, sobald die Unternehmer eine Handelstätigkeit aufnehmen.

Anders als beim Einzelunternehmen beruht die GbR auf einem Gesellschaftsvertrag. Es reicht, wenn dieser mündlich festgehalten wird, wobei die schriftliche Vertragsgestaltung am sichersten ist. Er ist die Grundlage der Gründung und beinhaltet den Geschäftszweck der GbR. Eine Kapitaleinlage ist wie beim Einzelunternehmer nicht erforderlich. Die GbR muss genau wie beim Einzelunternehmer die Namen der

Gründer sowie den Geschäftszweck und die Rechtsform beinhalten. Nach außen sind alle Gründer der GbR gleichzeitig Geschäftsführer und können beispielsweise Verträge für die Gesellschaft abschließen. Im Innenverhältnis dürfen natürlich andere Vereinbarungen getroffen werden, die aber nach außen nicht gelten.

Genauso bequem wie für den Einzelunternehmer ist auch die Buchhaltung für eine Gesellschaft bürgerlichen Rechts. Sie ist nicht zur doppelten Buchführung verpflichtet, somit genügt eine Einnahmenüberschussrechnung (EÜR). Eine Regelung wie die Kleinunternehmerregelung für den Einzelunternehmer gibt es bei der GbR allerdings nicht. Im Gesellschaftsvertrag ist festgehalten, wie die Gründer mit dem Gewinn der Gesellschaft umgehen. Die normale Verteilung ist eine gleichmäßige Verteilung pro Kopf, jedoch kann der Gesellschaftsvertrag unterschiedliche Regelungen aufstellen, sodass einer mehr verdient als der andere.

Für Schulden der Gesellschaft haften ebenfalls alle beteiligten Gründer gleichermaßen mit ihrem Privatvermögen. Die Gesellschaft bürgerlichen Rechts ist lediglich ein Zusammenschluss einzelner Unternehmer, somit gibt es auch keinen Schutz vor der Haftung mit dem Privatvermögen.

Eine Gesellschaft bürgerlichen Rechts kommt infrage, wenn Sie gemeinsam mit einer anderen Person gründen möchten, die gleichermaßen am strategischen und operativen Betrieb beteiligt sein soll. Erhalten Sie lediglich eine finanzielle Investition, eignet sich eher eine der anderen Rechtsformen wie die UG oder die GmbH. Eine GbR ist dafür nicht zwingend notwendig und auch nicht sinnvoll - aus Haftungsgründen. Häufig sind GbRs beispielsweise unter Softwareentwicklern, bei denen beide zu gleichen Anteilen für die Idee verantwortlich sind, wenn auch beide aktiv mitarbeiten möchten. Auch ein Zusammenschluss von zwei Dienstleistern, die sich gegenseitig ergänzen, kann eine GbR sinnvoll machen. Überall dort, wo Sie sich ohne Ihre Partner als Einzelunternehmer selbstständig machen würden, ist die GbR die richtige Rechtsform.

2.3 UG

Nachdem Sie nun die wichtigsten beiden Formen der Personengesellschaft kennengelernt haben, gelangen wir zu den Kapitalgesellschaften. Im britischen Raum gibt es die Gesellschaftsform Limited, die Unternehmer davor schützt, im Ernstfall mit ihrem Privatvermögen zu haften. Denn das ist das größte Problem der Personengesellschaft: Können Sie Ihre Rechnungen nicht zahlen, haften Sie privat. Bei der Kapitalgesellschaft hingegen gibt es eine Kapitaleinlage, von der diese Gesellschaftsformen auch ihren Namen haben. Dieses Geld gehört dem Unternehmen und in dieser Summe haften Sie einfach erklärt auch für die geschäftliche Tätigkeit.

Die Unternehmergesellschaft, kurz UG, ist streng genommen keine eigene Rechtsform, sondern eine Sonderform der GmbH. Es gibt sie seit dem Jahr 2008 und sie wurde mit dem Ziel geschaffen, den Weg zur GmbH zu ebnen. Eine UG trägt als eigenständige juristische Person ihren eigenen Namen, nicht mehr den Vor- und Nachnamen des Unternehmers sowie den Geschäftszweck. Das bedeutet, dass hier auch kreative Unternehmensnamen zum Einsatz kommen. In einer UG können sich mehrere Gesellschafter zusammenschließen, jedoch übernehmen nicht alle die geschäftsführende Tätigkeit. Umso wichtiger ist bei dieser Rechtsform der Gesellschaftsvertrag, indem die Geschäftsführung und die Anteile am Unternehmen geregelt werden. Spätestens bei einer UG wird der Gesellschaftsvertrag deswegen nicht mehr mündlich, sondern zwingend schriftlich geschlossen. Es ist möglich, eine UG auch alleine ohne weitere Gesellschafter zu gründen.

Die Mindesteinlage einer UG kann theoretisch einen Euro betragen. Der Gesellschaftsvertrag hält fest, welcher Gesellschafter welchen Anteil des Kapitals eingebracht hat, sofern es mehrere Gesellschafter gibt. Da diese kleine Form der GmbH allerdings das Ziel hat, eines Tages eine GmbH zu werden, gibt es eine Ansparpflicht, um das Stammkapital so weit zu erhöhen, dass die Umfirmierung erfolgen kann. Ein Viertel des Gewinns eines Jahres darf nicht an die Gesellschafter ausgeschüttet werden, sondern muss angespart und als Kapitalanlage einbehalten werden. Über die Rücklage kann auch nicht wie bei einer GmbH frei verfügt werden, sondern sie darf nur zum Verlustausgleich fürs Vorjahr verwendet werden. Die Kapitaleinlage darf auch nicht verwendet werden, um eventuelle Kredite abzubezahlen. Können die Kredite nicht aus anderen Mitteln bedient werden, dann ist von der UG ein Insolvenzantrag zu stellen. Diese Regelung nimmt der UG wiederum Flexibilität, da die Einlagen zunächst "gesperrt" sind, bis die 25.000 € erreicht sind. Sobald der Schwellenwert erreicht ist, übernimmt der Notar die Eintragung über die Veränderung des Stammkapitals ins Handelsregister und die Umfirmierung auf die GmbH kann erfolgen. Eine Unternehmergesellschaft ist daher immer nur eine temporäre Rechtsform, die je nach Umsatz und Gewinn zwangsläufig in eine GmbH übergehen wird.

Da es sich streng genommen um eine GmbH in Vorbereitung handelt, gelten für die UG auch die gleichen Pflichten. Im Gegensatz zur Einzelunternehmung oder GbR sind das im Wesentlichen:

- Gesellschaftsvertrag (notariell beglaubigt) als Grundlage der Gründung
- Gesellschafter haften nicht mit ihrem privaten Vermögen, sondern lediglich mit dem eingelegten Stammkapital
- Pflicht zur doppelten Buchführung und damit zur Bilanzierung

Besonders die doppelte Buchführung und Bilanzierung ist ein Thema, mit dem sich Gründer auseinandersetzen sollten. Diese ist wesentlich aufwendiger und komplizierter als die Einnahmenüberschussrechnung, wie sie für ein Einzelunternehmen oder eine GbR erforderlich ist. Die meisten Gesellschafter einer UG lassen die Buchhaltung und Bilanzierung von einem Fachmann durchführen, wenn sie nicht gerade selbst Steuerberater sind. Das verursacht wiederum Kosten, schafft auf der anderen Seite aber auch rechtliche Sicherheit.

In welchen Fällen kann eine Unternehmergesellschaft für Sie trotz des Mehraufwandes und der Bindung des Stammkapitals die richtige Rechtsform sein?

Unternehmergesellschaften sind kleine GmbHs, die GmbH wiederum sichert einem Investor die finanziellen Verhältnisse des Unternehmens zu. Muss eine GmbH Insolvenz anmelden, dann können sich Gläubiger der Kapitalanlage sicher sein und diese auch vor ihrer Investition einsehen. Bilanzen der GmbH werden veröffentlicht, sodass potenzielle Investoren die Entwicklung und die gesamte finanzielle Situation des Unternehmens betrachten können. Wenn Sie einen Kredit beantragen müssen, gibt Ihnen die UG als Vorstufe der GmbH einen ganz anderen Standpunkt in der Verhandlung. Vor allem signalisiert diese Rechtsform potenziellen Investoren, dass Sie Ihre unternehmerische Tätigkeit ernst meinen und diese auch auf die lange Sicht ausgelegt haben. Schließlich haben Sie keine Rechtsform wie die Gesellschaft bürgerlichen Rechts gewählt, die Sie sehr schnell wieder auflösen könnten, sollten Sie bemerken, dass Ihre Idee doch nicht funktioniert.

2.4 GmbH

Die Gesellschaft mit beschränkter Haftung oder GmbH ist eine der gängigsten Rechtsformen unter den Kapitalgesellschaften in Deutschland. Wie der Name schon verrät, ist die Haftung bei dieser Rechtsform beschränkt, was bedeutet, dass Gesellschafter nicht mit ihrem privaten Vermögen haften. Aus diesem Grund hat die GmbH eine öffentlich einsehbare Kapitalanlage. Sollte das Unternehmen zahlungsunfähig werden, dann dient diese Kapitaleinlage als Sicherheit. Die GmbH kann erst dann gegründet werden, wenn mindestens 25.000 € als Kapitaleinlage zur Verfügung stehen. Das stellte bis zum Jahr 2008 eine hohe Eintrittshürde dar und verhinderte so manche Gründung. Aus diesem Grund gibt es die Unternehmergesellschaft als Vorstufe der GmbH, bei der so lange Umsätze einbehalten werden, bis eine Kapitaleinlage von 25.000 € entstanden ist.

Im Abschnitt über die UG haben Sie erfahren, dass ein Viertel des Gewinnes pro Jahr einbehalten wird, es sich bei der Einlage also um Geld handelt. Bei der GmbH ist das anders, es kann sich sogar um eine reine so genannte Sachgründung halten. Eine Sachgründung bedeutet, dass die Kapitaleinlage nicht aus Geld, sondern aus anderen Vermögenswerten besteht. Die Einlage kann beispielsweise auch eine Immobilie mit einem Wert über 25.000 € oder mehr sein. Besonders interessant ist eine Sachgründung dann, wenn sie für ihre geschäftliche Tätigkeit kostspielige Technik oder Maschinen anschaffen müssen, die teilweise oder ganz das erforderliche Stammkapital der GmbH bilden können. Sogar ein Patent kann das Stammkapital einer GmbH bilden, sodass Sie mit einer patentierten Idee im entsprechenden Wert eine Geschäftstätigkeit aufbauen können. Ihnen muss jedoch auch bewusst sein, dass das Stammkapital im Falle einer Insolvenz dazu herangezogen wird, die Interessen der Gläubiger zu befriedigen. Patente, Immobilien, Technik und alles andere, was Sie als Stammkapital eingebracht haben, geht Ihnen somit schlimmstenfalls verloren.

Darüber hinaus unterscheidet sich die GmbH nicht von der UG. Es gibt einen oder mehrere Gesellschafter sowie einen oder auch mehrere Geschäftsführer. Der Geschäftsführer kann, muss aber kein Gesellschafter sein. Es kann sich hierbei auch um einen angestellten Geschäftsführer ohne eigene Anteile handeln. Grundlage der GmbH ist der Gesellschaftsvertrag, der notariell beglaubigt werden muss.

Argumente für die Gründung einer GmbH sind die gleichen wie für die Unternehmergesellschaft. Wenn Sie Investoren Sicherheit vermitteln müssen und die Mittel für eine Einlage haben, diese also nicht erst ansparen müssen, dann ist eine GmbH sinnvoll. Über die Einlagen der GmbH können Sie anders als bei der UG auch verfügen, also beispielsweise eine Immobilie als Einlage weiter nutzen. Geschäfte, die über eine einfache Dienstleistertätigkeit hinausgehen, können durch eine GmbH auch abgesichert werden. Gerade komplexe Geschäfte bergen finanzielle Risiken, sodass Sie als Gründer ihr privates Vermögen vor der eventuellen Haftung absichern sollten. Sollte ihre Geschäftsidee doch nicht erfolgreich sein, so verlieren Sie schlimmstenfalls nur die Einlage in die GmbH, nicht aber Ihr privates Vermögen.

2.5 Weitere Rechtsformen

Neben diesen Rechtsformen gibt es in Deutschland noch viele weitere, die aber für die meisten Selbstständigen keine Rolle spielen. In der Regel starten Selbstständige als Einzelunternehmer, da sie keine Kapitalgesellschaft benötigen und aus dieser auch gar keine Vorteile ziehen. Möchten Sie Ihr Geschäft doch größer aufziehen, sind die UG und die GmbH in der Regel die richtige Rechtsform.

Am bekanntesten ist sicherlich noch die Aktiengesellschaft oder kurz AG. Bei dieser Rechtsform kann das Unternehmen Anteile in Form von Aktien verkaufen und somit flexibler Kapital generieren. Die Aktiengesellschaft spielt für Selbstständige keine Rolle, sondern ist eher für große Unternehmen mit hohem und flexiblem Kapitalbedarf interessant.

Die offene Handelsgesellschaft oder OHG kann hingegen für Selbstständige relevant werden. Es handelt sich hierbei um eine Rechtsform, die für handelnde Unternehmen gedacht ist. Dazu gehören beispielsweise Banken und Versicherungen, Handelsvertreter der Groß- und Einzelhandel oder auch ein Transportunternehmen. Was genau ein Handelsgewerbe ist, ist im Handelsgesetzbuch genau definiert. Bei der offenen Handelsgesellschaft handelt es sich nicht um eine Kapitalgesellschaft, sondern um eine Personenhandelsgesellschaft, da es auch nicht darum geht, Kapital einzubringen. Vielmehr sind die Unternehmer hier selbst involviert und arbeiten auch selbst in der OHG mit. Die Gesellschafter einer OHG sind privat haftbar, also nicht wie im Rahmen einer GmbH abgesichert. Dadurch gibt es allerdings auch keine verpflichtende Kapitaleinlage. Die Gesellschafter gelten als Selbstständige.

Zusätzlich zu diesen Formen gibt es Mischformen der Rechtsform. Bestimmt haben Sie schon von der GmbH und Co. KG gehört, einer besonderen Form der GmbH, bei der ein oder mehrere Gesellschafter auch ihr privates Vermögen einbringen können.

2.6 Freiberufliche Tätigkeit

Eine selbstständige Tätigkeit ist grundsätzlich von der freiberuflichen Tätigkeit zu unterscheiden. Die Bezeichnung Freiberufler beschreibt eine Person, die eine Tätigkeit ausübt, die nicht der Gewerbeordnung unterliegt und einen wissenschaftlichen, künstlerischen, schriftstellerischen, unterrichtenden oder erzieherischen Hintergrund hat. Im Wesentlichen bedeutet das, dass ein Freiberufler anders als ein Selbstständiger keine Gewerbeanmeldung abgeben muss und somit auch keine Gewerbesteuer zahlt. Freiberufler hingegen erhalten nur Zugang zu diesen Berufen, indem sie die entsprechende Qualifikation ablegen und nachweisen.

Beispiele für eine freiberufliche Tätigkeit sind:

- Arzt
- Rechtsanwalt

- Apotheker
- Journalist
- Heilpraktiker
- Steuerberater
- Wirtschaftsprüfer

Natürlich ist nicht automatisch jeder, der Jura studiert hat, dadurch auch freiberuflicher Rechtsanwalt. Es ist natürlich möglich, diesen Beruf in einem Angestelltenverhältnis auszuüben. Wenn allerdings eine selbstständige Tätigkeit unabhängig von einem Arbeitgeber ausgeführt wird, dann wäre ein Angehöriger dieser Berufe nicht selbstständig, sondern freiberuflich tätig.

Freiberufler müssen ihre Tätigkeit ähnlich wie Selbstständige beim Finanzamt anmelden und erhalten eine Steuernummer. Gewerbesteuer zahlen sie nicht, da sie auch keine Gewerbeanmeldung machen müssen. Dafür gibt es für jeden freien Beruf eine zuständige Kammer, bei der sie ihre Tätigkeit anmelden müssen und die die freiberufliche Tätigkeit genehmigen muss. Diese Stelle übernimmt auch eine fachliche Kontrolle für die Ausführung des Berufs und dient etwa als zentrale Anlaufstelle für Beschwerden über einzelne Freiberufler. An diese Kammern müssen Freiberufler Zahlungen leisten.

2.7 Selbstständig im Nebengewerbe: Rechte & Pflichten

Eine Gründung oder ein Schritt in die Selbstständigkeit sind keine Kleinigkeit. Ängste, ob Ihre Geschäftsidee sich auf dem Markt behaupten kann, sind normal. Womöglich befürchten Sie, mit der Selbstständigkeit einen Fehler zu machen, sei es in finanzieller Hinsicht oder deswegen, weil Sie mit der Entscheidung einfach nicht glücklich werden. Gerade wenn Sie aktuell einen gut bezahlten Job mit festem Angestelltenverhältnis haben, schwanken Sie zwischen der Sicherheit der Festanstellung und der Freiheit der Selbstständigkeit.

Dabei ist gerade diese Ausgangslage optimal, um nebenberuflich eine Selbstständigkeit aufzubauen und währenddessen noch fest angestellt zu bleiben. Grundsätzlich müssen Sie eine nebenberufliche Selbstständigkeit mit dem Arbeitgeber abklären und gegebenenfalls den Arbeitsvertrag ändern, wenn dieser Ihnen keine nebenberufliche Tätigkeit gestattet. Wollen Sie genau dasselbe machen wie Ihr aktueller Arbeitgeber, dann wird es wahrscheinlich nicht funktionieren, da Sie natürlich in Konkurrenz zu diesem stehen würden. Sofern Ihre Geschäftsidee keine Konkurrenz für Ihren Arbeitgeber bedeutet und nicht Ihrem Hauptberuf im Wege steht, lassen die meisten Arbeitgeber aber mit sich reden. Eine solche Konstellation ist beispielsweise ideal, um nebenberuflich einen ganz anderen Weg einzuschlagen als im Hauptberuf und sich relativ risikofrei auszuprobieren. Sollte Ihre Geschäftsidee nicht funktionieren oder keinen Spaß machen, dann können Sie jederzeit wieder zurück in den Hauptberuf und haben dort nichts aufgegeben, was Sie jetzt nicht mehr wiederbekommen.

Wenn Sie nebenberuflich selbstständig sind und einen Hauptberuf ausführen, ist die wichtigste Frage, wie viel Sie mit Ihrer selbstständigen Tätigkeit verdienen. Ihre gesetzliche Krankenversicherung wird Sie so lange weiter versichern, wie die selbstständige Tätigkeit nicht in den Haupterwerb darstellt. Das bedeutet, dass Sie sich nicht wie in einer vollen Selbstständigkeit selbst um die Absicherung kümmern müssen. Für viele Gründungswillige ist das eine große Erleichterung. Als Selbstständiger im Nebenberuf können Sie je nach Verdienst auch die Kleinunternehmerregelung in Anspruch nehmen und ersparen sich damit viel Arbeit in der Buchhaltung und bei der Steuer.

Auf die Einnahmen aus dieser nebenberuflichen Tätigkeit zahlen Sie Einkommensteuer. Das bedeutet, dass sie wie bei einer hauptberuflichen Selbstständigkeit eine Einkommensteuererklärung abgeben müssen. Hier geben Sie an, was Sie im Hauptberuf verdienen und was Sie nebenbei selbstständig verdient haben. Da sie auf die Einnahmen aus Ihrem Hauptberuf bereits Lohnsteuer über den Arbeitgeber gezahlt haben, muss lediglich der Anteil aus der selbstständigen Tätigkeit noch versteuert werden. Gewerbesteuer werden Sie wahrscheinlich nicht zahlen müssen, da diese erst ab einer Grenze von 24.500 € fällig wird und die meisten nebenberuflichen Selbstständigen diesen Wert gar nicht erst erreichen.

Die genauen Rechte und Pflichten hängen bei einer nebenberuflichen Selbstständigkeit von der Rechtsform ab. In der Regel ist die Gewerbeanmeldung als Einzelunternehmer für eine nebenberufliche Tätigkeit am sinnvollsten, da sie bürokratisch mit dem geringsten Aufwand verbunden ist und die Nutzung der Kleinunternehmerregelung ermöglicht.

2.8 Genehmigungspflichtige Gewerbe

Nicht jedes Gewerbe kann im Anschluss an eine Gewerbeanmeldung einfach ausgeführt werden, manche Gewerbe benötigen noch eine zusätzliche Erlaubnis. Diese können Sie mit der Genehmigung durch die zuständige Kammer für die freien Berufe vergleichen. Der Sinn dahinter ist, dass diese Gewerbe eine besondere Qualifikation oder Sorgfalt erfordern, die nicht alleine durch die Abgabe einer Gewerbeanmeldung sichergestellt werden kann. Während bei den freien Berufen die Kammern als genehmigende und prüfende Stelle fungieren, geht das bei den selbstständigen Berufen durch eine Genehmigungspflicht des Gewerbes im Rahmen der Gewerbeordnung.

Beispiele für genehmigungspflichtige Gewerbe sind unter anderem:

- Organisation von Tanzveranstaltungen
- Betrieb einer Spielhalle
- Bewachung von Objekten und Personen
- Arbeitnehmerüberlassung
- Gaststättengewerbe
- Fahrschule
- Makler und Anlageberater
- Prostitution

Spätestens auf dem Gewerbeamt werden Sie nach einer Genehmigung gefragt, wenn Sie einen genehmigungspflichtigen Geschäftszweck anmelden möchten und keine Genehmigung der zuständigen Behörde nachweisen können. Die genehmigenden Behörden sind je nach Geschäftszweck unterschiedlich. Wenn Sie einen solchen Beruf selbstständig ausüben möchten, wenden Sie sich rechtzeitig vor der Gewerbeanmeldung an die zuständige Behörde und erfragen Sie, was für die Genehmigung einer gewerblichen Tätigkeit erforderlich ist. Unter Umständen kann es lange dauern, bis sie diese Genehmigung erhalten, da Sie bestimmte Qualifikationen und Untersuchungen nachweisen müssen.

2.9 Die IHK

Die Industrie- und Handelskammer oder kurz IHK ist Ihnen im Rahmen Ihrer Berufsausbildung womöglich schon begegnet. Spätestens, wenn Sie die Gewerbesteuer zahlen müssen, werden Sie auch Post von der IHK erhalten, die Sie um einen verpflichtenden Beitrag bittet. Leider empfinden viele Selbstständige die IHK daher eher als lästig denn als wertvolle Unterstützung, was schade ist, da diese Kammer gerade für Selbstständige da ist.

Bereits vor Ihrer Gründung stehen Ihnen Fachleute Ihrer zuständigen Industrie- und Handelskammer beratend zur Seite. Diese Angebote sind oft kostenlos oder können gefördert werden, weshalb Sie sie unbedingt nutzen sollten. Hier sitzen Gründungsexperten, die mit Ihnen Ihre Geschäftsidee besprechen, Chancen und Risiken aufzeigen und auch hinsichtlich der Wahl der richtigen Rechtsform beraten. Sobald Sie die Gewerbesteuer zahlen, werden Sie auch den IHK-Beitrag zahlen müssen und sollten sich daher nicht scheuen, die qualitativ sehr gute Beratung Ihrer Industrie- und Handelskammer auch in Anspruch zu nehmen. Interessant für Gründer sind auch die Vorträge und Seminare, die die örtliche IHK anbietet. In diesen findet ebenfalls Beratung rund um alle Fragen, vor, während und nach der Gründung statt.

Checkliste

Sie stehen kurz vor der Gründung, müssen aber noch entscheiden, welche Rechtsform für Sie die meisten Vorteile und den geringsten Aufwand bedeuten. Gute Beratung ist in dieser wichtigen Frage unerlässlich. Wenden Sie sich an die IHK, eine Gründungsberatung oder eine andere geeignete Stelle an ihrem Wohnort, die gemeinsam mit Ihnen Ihre Geschäftsidee analysiert und wichtige Fragen rund um die Rechtsform klärt, wenn Sie nach der Lektüre dieses Kapitels noch unsicher sind.

In den meisten Fällen lässt sich aber mit dieser einfachen Checkliste und dem nötigen Hintergrundwissen leicht eine Entscheidung über die am besten geeignete Rechtsform für das Unternehmen treffen.

- ❑ Benötigen Sie Kapital von fremden Investoren und müssen diesen eine Sicherheit in Form einer Kapitalanlage bieten können?

- ❑ Haben Sie das nötige Fachwissen oder Personal, um eine doppelte Buchführung zu gewährleisten und eine Bilanz zu erstellen?
- ❑ Birgt Ihre Geschäftsidee das Risiko, nicht zu funktionieren? Würden Sie in diesem Fall mit Ihrem privaten Vermögen haften müssen?
- ❑ Können Sie als Einzelunternehmer von der Kleinunternehmerregelung profitieren? Erstellen Sie eine Pro- und Kontra-Liste!
- ❑ Recherchieren Sie kostenlose und gerne auch kostenpflichtige Beratungsangebote für Gründer und Selbstständige in ihrer Stadt. Vereinbaren Sie dort einen Termin und lassen Sie sich hinsichtlich der geeigneten Rechtsform für Ihr Vorhaben qualifiziert beraten.

Der Businessplan

Der Businessplan ist ein wichtiges Dokument, um Ihre Selbstständigkeit vor der Gründung zu dokumentieren und zu planen. Sie brauchen diesen Plan überall dort, wo Sie Beratung in Anspruch nehmen, Investoren überzeugen, Kredite beantragen oder Förderungen erhalten möchten. Der Businessplan dient aber vor allem auch Ihnen als wertvolles Dokument der Orientierung. Deswegen sollten Sie sich vor der Gründung die Zeit nehmen und den Plan gründlich und detailliert ausarbeiten.

In einem Businessplan geht es zunächst darum, den Gegenstand Ihrer selbstständigen Tätigkeit zu beschreiben. Jeder sollte auf den ersten Blick verstehen, worin Ihre geschäftliche Tätigkeit bestehen wird. Eine komplexe, erklärungsbedürftige Dienstleistung oder ein Produkt dürfen an dieser Stelle natürlich auch gerne ausführlich erklärt werden. Anschließend soll dargestellt werden, wie mit dieser Idee Gewinn gemacht werden kann. Der finanzielle Teil bereitet vielen Gründen die größten Schwierigkeiten, da es schwierig sein kann, Umsätze und somit Gewinne im voraus zu planen. Gleichzeitig ist dieser Abschnitt der wichtigste Teil, da er Aufschluss darüber gibt, was Sie mit Ihrer Geschäftsidee wirklich erreichen können. Zuletzt muss der Businessplan noch die Frage beantworten, wie Ihr Produkt oder Ihre Dienstleistung den Kunden überhaupt erreichen soll. Die grundsätzliche Vertriebs- und Vermarktungsstrategie muss hier ebenfalls dargelegt werden.

Je nachdem, wofür Sie einen Businessplan benötigen, ist der Aufbau unterschiedlich. Wollen Sie Investoren überzeugen, sollte Ihr Plan auch beinhalten, wer das Gründungsteam ist und warum gerade dieses Team zu dieser Idee passt. Ein ähnlicher Aufbau ist beispielsweise auch für Unternehmenswettbewerbe notwendig. Möchten Sie hingegen nur für sich selbst eine Dokumentation Ihrer Tätigkeit, können Sie auf einen solchen Teil verzichten und sollten den Fokus eher auf die Definition ihrer Tätigkeit sowie den Finanzplan legen.

3.1 Das Geschäftsmodell

Der erste Abschnitt eines Businessplans ist die genaue Beschreibung des Geschäftsmodells. Ein Geschäftsmodell beantwortet die Frage, was genau Sie machen und welchen Wert Sie damit kreieren, was also Ihre Kunden bei Ihnen kaufen können und mit welchen Dienstleistungen oder Produkten Sie Geld verdienen. Wenn Sie ein Produkt zum Kern Ihrer Tätigkeit machen, beantwortet das Geschäftsmodell die wichtige Frage, ob Sie dieses selbst herstellen oder produzieren lassen und es lediglich vertreiben. Sind Sie Dienstleister, dann beinhaltet Ihr Geschäftsmodell, welche Dienstleistungen Sie anbieten, wie diese zusammenhängen und wie Sie dadurch mit Ihren Kunden eine langfristige profitable Beziehung aufbauen.

Ihr Geschäftsmodell darf eine rein schriftliche Beschreibung ihrer Tätigkeit sein. Viele Modelle lassen sich aber einfacher erklären, wenn sie auch als Modell aufgezeichnet werden. Wenn sie mit dem Canvanizer gearbeitet haben, können Sie diesen nutzen, um ihr Geschäftsmodell bildlicher zu erklären. Sie können ihn aber auch als Grundlage nehmen und Ihr Geschäftsmodell auf dieser Basis ausformulieren, wenn Sie den Businessplan beispielsweise ausgedruckt jemandem geben wollen. Im Business Model Canvas sind alle wesentlichen Komponenten enthalten, die die Beschreibung Ihres Geschäftsmodells enthalten muss.

3.2 Der Finanzplan

Die meisten Gründer haben große Schwierigkeiten mit dem Finanzplan, wenn sie nicht selbst aus der Finanzbranche kommen. Fragen, die der Finanzplan beantworten muss, sind:

- Wie viel Geld brauchen Sie, um zu gründen? Wofür brauchen Sie dieses Geld, was wollen Sie damit konkret finanzieren oder anschaffen?
- Woher kann das benötigte Kapital stammen (Fremdkapital)? Wie viel Kapital (Eigenkapital) bringen Sie selbst ein?
- Welchen Umsatz müssen Sie erwirtschaften, damit sich das eingesetzte Kapital rentiert?
- Was wird das erforderliche Marketing kosten, um diesen Umsatz zu generieren?
- Brauchen Sie bereits Angestellte und wenn ja, wie viel und aus welchen Quellen wollen Sie für deren Gehälter zahlen?
- Ab wann können Sie von ihrer Selbstständigkeit leben?

Ein Finanzplan ist also kein Blick in die Kristallkugel, bei der Sie abschätzen sollen, wie viel Sie verdienen werden. Arbeiten Sie bei ihrem individuellen Finanzplan mit den Zahlen, die Ihnen bekannt sind. Sie wissen bereits jetzt, welche Anschaffungen Sie tätigen müssen, damit Sie überhaupt arbeiten können. Auch wissen Sie, wie viel eigenes Kapital Ihnen für die Gründung zur Verfügung steht. Sobald Sie sich über mögliche Zuschüsse und staatliche Hilfen informiert haben, können Sie auch diese als mögliches Kapital in den Finanzplan einbringen. Bauen Sie also zunächst die Kostenstruktur Ihres Unternehmens auf. Müssen Sie Waren und Rohstoffe einkaufen, dann können Sie jetzt recherchieren, welcher Lieferant für Sie infrage kommt und ob Sie Rabatte bekommen können.

Wenn diese steht, dann können Sie auch errechnen, wie viel Umsatz Sie generieren müssen, damit Sie von dieser Selbstständigkeit leben können.

Halten Sie sich an dieses methodische Vorgehen und der Finanzplan wird Ihnen wesentlich leichter fallen. Für eine einfache, womöglich noch nebenberufliche selbstständige Tätigkeit ist es vollkommen ausreichend, die Kosten den erforderlichen Einnahmen gegenüber zu stellen. Auf diese Weise wissen Sie, wie viel Umsatz Sie generieren müssen, und können sich im laufenden Betrieb an diese Richtwerte halten, um nicht mehr auszugeben, als Sie verdienen. Recherchieren Sie jede Zahl, an die Sie herankommen. Je weniger Spekulation der Finanzplan enthält, desto verlässlicher, wahrscheinlicher und stabiler ist er.

Im Internet und bei Beratungsstellen für Gründer gibt es Vorlagen für den Finanzplan. An diesen können Sie sich orientieren, wenn Sie eine Vorlage für den Aufbau dieses Instruments benötigen.

3.3 SWOT-Analyse

Die SWOT-Analyse ist ein wichtiges Instrument der Betriebswirtschaftslehre, um eine Geschäftsidee schnell auf Herz und Nieren zu prüfen. Als Bestandteil des Businessplans zeigt sie dem Leser, dass Sie Ihre Hausaufgaben gemacht und sich mit dem Markt und den möglichen Herausforderungen auseinandergesetzt haben.

S

Stärken (Strengths)

Bei den Stärken Ihrer Geschäftsidee dürfen Sie glänzen. Hier beschreiben Sie, was Ihre Idee einzigartig macht und warum der Markt sie braucht. Die Stärken sind eine Zusammenfassung ihrer Unique Selling Proposition (USP), also Ihres Alleinstellungsmerkmals. Das ist der Grund, warum Kunden zu Ihnen und zu niemand anderem wollen. In diesem Bereich fließt allerdings noch nicht ein, was Mitbewerber auf dem Markt machen. Es geht hier lediglich um die Betrachtung Ihrer eigenen Idee.

W

Schwächen (Weaknesses)

Die Schwächen oder Weaknesses sind ein kritischer Blick auf Ihre Idee. Welche Schwächen weist die Idee auf und wo sind die Probleme, für die Sie noch keine Lösung gefunden haben? Was wird Ihnen immer wieder Stress im geschäftlichen Alltag bereiten und worauf müssen Sie vorbereitet sein?

Schwächen der Geschäftsidee sind ebenfalls kein Blick auf die Landschaft ihrer Mitbewerber, sondern ein Blick nach innen. Nutzen Sie diesen Teil der Analyse, um herauszufinden, welchen Schwächen Sie begegnen werden. Nicht jede Schwäche muss ausgemerzt werden, aber Sie müssen darauf eingestellt sein, dass sie Teil Ihres Alltags sein wird.

O

Chancen (Opportunities)

Im Bereich der Chancen und Risiken sehen wir uns die Situation auf dem Markt an. Hier geht es darum, welche Chancen Ihre Idee mit ihren Stärken und Schwächen gegenüber Mitbewerbern hat. In welcher Nische können Sie sich positionieren, die aktuell noch nicht oder vielleicht unzureichend besetzt ist? Wo sind Marktteilnehmer aktuell noch nicht, wo Sie sich eine Position aufbauen können? Welche gesellschaftlichen Trends und Entwicklungen können Ihnen zugutekommen und Ihre Stärken mit offenen Armen auf dem Markt empfangen?

T

Bedrohungen (Threats)

Im Bereich der Bedrohungen betrachten wir, welche Marktteilnehmer und gesellschaftlichen Entwicklungen für Ihre Idee weniger förderlich sein könnten. Gibt es Marktteilnehmer, die dasselbe machen wie Sie und dazu in der Lage wären, es besser und schneller zu machen? Welche gesellschaftlichen und politischen Entwicklungen können Hürden für Ihre geschäftliche Tätigkeit schaffen? Hier hilft ein Blick in die Nachrichten und auf die aktuelle Gesetzeslage, die die Ausübung Ihrer selbstständigen Tätigkeit reguliert. Auch kann es gesellschaftliche Trends geben, die die Akzeptanz für Ihre Idee minimieren oder das Interesse an Ihrem Angebot verschwinden lassen können.

3.4 Vertrieb und Vermarktung

Die Vermarktung Ihrer Idee ist ebenfalls Bestandteil des Businessplans. Hier skizzieren Sie, wie Sie Ihr Produkt oder Ihre Dienstleistung methodisch vermarkten wollen, welche Möglichkeiten und Medien Sie dafür einsetzen wollen und was diese kosten werden. Da wir in einem eigenen Kapitel über die Möglichkeiten der Vermarktung für Selbstständige sprechen werden, halten wir diesen Abschnitt kurz.

Wichtig am Vermarktungsplan ist, dass Sie hierbei Ziele setzen. Marketing ist kein Selbstzweck, den Sie betreiben, weil es Spaß macht - was es zugegebenermaßen tut. Sie wollen damit Ziele erreichen, etwa Markenbekanntheit oder die Ansprache ganz bestimmter neuer Kunden, die für Sie infrage kommen.

3.5 Tipps für die Businessplanung

Der Businessplan und insbesondere der finanzielle Teil bereiten vielen Gründern Schwierigkeiten. Gerade wenn Sie zum ersten Mal einen solchen Plan schreiben, benötigen Sie Struktur. Im Internet gibt es Vorlagen und vollständig ausformulierte Businesspläne, an denen Sie sich orientieren können. Diese können Sie verwenden, um ihren eigenen Plan zu erstellen.

In den meisten größeren Städten gibt es außerdem Anlaufstellen und Netzwerke für Gründer und Selbstständige, die Ihnen dabei behilflich sind, den Businessplan zu erstellen. Wenn Ihre Idee innovativ ist, dann kann sich sogar die Teilnahme an einem Businessplan-Wettbewerb lohnen, denn hier erhalten Sie viel kostenfreie Unterstützung im Rahmen des Wettbewerbs und können an lehrreichen Veranstaltungen teilnehmen.

Eine weitere gute Anlaufstelle ist die IHK an ihrem Wohnort. Auch hier gibt es informative Veranstaltungen und Unterstützung für Gründer, die Ihren Businessplan erstellen müssen.

Zeitlich sollten Sie den Businessplan rechtzeitig vor ihrer Gründung in Angriff nehmen. Nicht nur, weil das Dokument Zeit in Anspruch nimmt, die Sie dafür freihalten müssen, sondern auch, weil es ihnen als Orientierung dient. Hier definieren Sie, wie Ihre Kostenstruktur aussieht, was die zentrale Frage beantwortet, welchen finanziellen Aufwand Ihre Gründung mit sich bringen wird. Dadurch wissen Sie auch von Anfang an, wie viel Sie verdienen müssen, damit die Selbstständigkeit rentabel und attraktiv für Sie bleibt. Anschaffungen verlaufen geplant und Sie steigen schon durch die Erstellung Ihres Businessplans gezwungenermaßen tief in die Thematik der Finanzen Ihrer Selbstständigkeit ein.

Betrachten Sie Ihren Businessplan zudem als Basis, die Sie weiter entwickeln können. Wenn Sie sich mit der Vermarktung befassen, fallen Ihnen sicherlich viele weitere Ideen im Laufe Ihrer Tätigkeit ein, die Sie einfließen lassen können. Nehmen Sie diese auf, aktualisieren Sie Ihren Finanzplan. Findet sich mit der Zeit eine günstigere Möglichkeit, an Waren und Dienstleistungen heranzukommen? Welche Vorteile können Sie finanziell daraus ziehen, was können Sie mit dem nun freien Budget anfangen? Der Businessplan ist dynamisch. Passen Sie ihn an die alltägliche Realität Ihrer Geschäftswelt an.

Zuletzt muss Ihr Businessplan auf den Leser ausgerichtet sein. Wollen Sie Investoren überzeugen, dann sollten folgende Bestandteile unbedingt zusätzlich enthalten sein:

- Wer ist das Gründerteam, welche Skills bringen sie mit und wer übernimmt welche Aufgaben?
- Welchen zusätzlichen Finanzbedarf haben Sie? Warum brauchen Sie zusätzliches Kapital?
- Wie können Investoren davon profitieren, gerade Ihnen Kapital zur Verfügung zu stellen? Legen Sie im Finanzplan dar, mit welchen Umsätzen zu rechnen ist, wenn die geplante Investition so eingesetzt werden kann, wie Sie es sich vorstellen.

Checkliste

Jetzt sind Sie gefragt: Ihr Businessplan will erstellt werden. Orientieren Sie sich dabei an dieser Checkliste:

- [ ] Informieren Sie sich über (kostenlose) Beratungsmöglichkeiten in Ihrer Stadt für Gründer und Selbstständige
- [ ] Beschaffen Sie sich eine gute Businessplan-Vorlage und eine Tabelle für den Finanzplan, entweder von einer Beratungsstelle oder aus dem Internet

- ❑ • Beginnen Sie mit Ihrer Geschäftsidee: Was macht sie so wichtig und relevant, dass Kunden zu Ihnen kommen werden? Entwickeln Sie Ihre USP!
- ❑ Erstellen Sie danach Ihre SWOT-Analyse
- ❑ Tragen Sie alle fixen Kosten zusammen, die Sie bereits jetzt recherchieren können. Das sind notwendige Anschaffungen, laufende Kosten, Fortbildungen, Marketing- und Vertriebskosten, Versicherungen, ... das ist Ihr planbarer Finanzbedarf.
- ❑ Überlegen Sie sich, wie viel Sie mit Ihrer selbstständigen Tätigkeit verdienen wollen.
- ❑ Arbeiten Sie Ihr Marketing- und Vertriebskonzept aus und legen Sie dieses so detailliert wie möglich im Businessplan dar.
- ❑ Beschreiben Sie, wer das Gründerteam ist, welche Qualifikationen die einzelnen Teammitglieder mitbringen und warum Investoren gerade an dieses Team glauben sollten.

Finanzierung

"I guess his project has been financed."

Nicht jedes Geschäftsmodell benötigt zusätzliche Finanzierung oder Kredite. Wenn Sie als Dienstleister vom Verkauf Ihrer Arbeitszeit leben, dann kann es schon ausreichend sein, Sie mit der nötigen Technik auszustatten, damit Sie durchstarten können. Allerdings muss auch diese bezahlt werden, wenn Sie sie nicht bereits besitzen. Steuerlich kann es sogar von Vorteil sein, sie neu anzuschaffen, worauf wir im entsprechenden Kapitel noch zu sprechen kommen. Somit benötigen Sie doch wieder einen Finanzplan für Ihre Selbstständigkeit - wenn auch nur für Sie, um sich darüber klar zu werden, welche Kosten für den Start auf Sie zukommen werden.

Spätestens dann, wenn Sie für Ihre Geschäftsidee einen Bankkredit aufnehmen oder anderweitig Finanzierung in Anspruch nehmen möchten, benötigen Sie einen starken Finanzplan. Nicht nur dafür, sondern auch für die Beantragung von Gründer Zuschüssen und anderen staatlichen Mitteln werden Sie eine Auflistung Ihrer Kosten und voraussichtlichen Einnahmen benötigen. Warum? Weil Ihre Investoren sehen wollen, dass Sie sich über Finanzielles Gedanken gemacht haben und wissen, mit welchen Einnahmen Sie rechnen können, um Kredite und Zuschüsse zurückzuzahlen und sie gewinnbringend einzusetzen.

Selbst wenn Sie keine finanziellen Mittel außer Ihren eigenen brauchen, sollten Sie sich deswegen einen soliden Finanzplan aufbauen. Dieser hilft Ihnen, frühzeitig Schwächen zu erkennen und einen Fahrplan zu entwickeln, welche Kosten auf Sie zukommen und was Sie vor allem in der herausfordernden Anfangsphase erwirtschaften müssen, um diese Kosten decken zu können und Ihnen bereits ein Gehalt auszahlen zu können.

4.1 Eigen- und Fremdkapital

Zunächst ist es wichtig zu verstehen, was Eigenkapital ist und was als Fremdkapital bezeichnet wird. Diese beiden zentralen Begriffe bilden die Basis für jeden guten Finanzplan.

Eigenkapital

Als Eigenkapital werden alle Mittel bezeichnet, die Sie selbst bereits besitzen und in Ihr Unternehmen einbringen. Hierunter fällt natürlich in erster Linie Geld. Das kann Erspartes sein, welches sich auf Ihrem Konto befindet, oder auch ein Anteil an Geld, den ein eventueller Mitgründer einbringt. Bei Rechtsformen wie der Gesellschaft mit beschränkter Haftung (GmbH) bringen üblicherweise alle Gründer einen Anteil des Eigenkapitals auf, wenn es mehrere sind. Welche Anteile der GmbH somit welchem Gesellschafter gehören, wird im Gesellschaftsvertrag festgelegt.

Eigenkapital kann, muss aber kein Geld sein. Wenn Sie beispielsweise einen Laptop, den Sie schon besitzen, in das Unternehmen einbringen, dann gilt auch das als Eigenkapital. Denn wenn er nicht wäre, müssten Sie einen anschaffen, was Kosten verursachen würde. Bei größeren Unternehmen kommen als Eigenkapital beispielsweise auch eine Immobilie, Rohstoffe, eine Produktionsmaschine oder Ähnliches in Frage.

Fremdkapital

Fremdkapital sind Mittel, die von außen in das Unternehmen eingebracht werden. Sie gehören also weder Ihnen, einem Gesellschafter oder dem Unternehmen, sondern werden von Dritten eingebracht. Meistens handelt es sich bei Fremdkapital um den Kredit der Bank. Genau wie beim Eigenkapital kann auch Fremdkapital Geld sein, es kann sich aber auch um eine Investition in anderen Formen handeln. Das Fremdkapital wird entweder je nach individueller Vereinbarung zurückgezahlt oder der Investor erhält für sein eingebrachtes Kapital einen Gegenwert. Fremdkapital wird dann wichtig, wenn Ihr Eigenkapital für Ihre geschäftlichen Vorhaben nicht ausreicht und auch nicht absehbar ist, dass Sie mit der Zeit genug Umsatz generieren, um Ihre Pläne zu verwirklichen.

4.2 Förderungsmöglichkeiten für Selbstständige

Als Selbstständiger haben Sie andere Förderungsmöglichkeiten als ein Unternehmen. Da Sie eine eigenständige Person sind, werden Sie auch vom Staat weiterhin als solche betrachtet und können gefördert werden, auch wenn Ihre Idee keine bahnbrechende Innovation ist, sondern lediglich Ihren Lebensunterhalt sichern soll. Wenn Sie investieren müssen, dann interessieren Sie natürlich finanzielle Förderungen zunächst mehr als kostenlose Seminare und Workshops, und das berücksichtigt auch der Staat. Je nachdem, aus welcher Lebenssituation heraus Sie gründen, können Sie unterschiedliche finanzielle Hilfen beantragen. Die wichtigsten finanziellen Förderungsmöglichkeiten für gründungswillige Selbstständige sowie die Anforderungen, die Sie erfüllen müssen, haben wir Ihnen hier aufgelistet.

Gründungszuschuss der Bundesagentur für Arbeit

Den Gründungszuschuss der Bundesagentur für Arbeit können Sie bekommen, wenn Sie aus der Arbeitslosigkeit heraus in eine Selbstständigkeit wechseln möchten. Voraussetzung dafür ist, dass Sie hauptberuflich selbstständig werden, aktuell ALG I beziehen und auch noch mindestens 150 Tage lang einen Anspruch auf ALG I haben. Sie erhalten zunächst für sechs Monate einen Zuschuss in Höhe Ihres letzten

Arbeitslosengeldes + zusätzliche 300 €. Nach einem halben Jahr können Sie die gleiche finanzielle Unterstützung für weitere neun Monate erhalten, wenn sich Ihr Geschäftsmodell bis dahin als erfolgreich erwiesen hat. Erfolg bedeutet dabei, dass Sie immer noch selbstständig sind und das auch weiterhin hauptberuflich machen. Die Anforderungen sind nicht allzu hoch, sodass Sie davon ausgehen können, 15 Monate lang den Gründungszuschuss der Bundesagentur für Arbeit beziehen zu dürfen. Eine weitere Voraussetzung ist, dass Ihr Geschäftsmodell von einer Stelle wie der IHK oder HWK als erfolgversprechend eingestuft wurde. Das bedeutet, dass Sie diesen Stellen einen ausgearbeiteten Businessplan vorlegen müssen, um dann eine Bescheinigung für die Bundesagentur für Arbeit zu bekommen. Den Gründungszuschuss können Sie persönlich bei Ihrer zuständigen Bundesagentur beantragen. Sprechen Sie am besten Ihre Vermittlungsfachkraft direkt darauf an.

Einstiegsgeld der Bundesagentur für Arbeit

Wenn Sie bereits ALG II beziehen, dann können Sie keinen Gründungszuschuss mehr beantragen, Ihnen steht allerdings das Einstiegsgeld zur Verfügung. Anders als beim Gründungszuschuss ist die Höhe des Zuschusses nicht festgelegt, sondern wird individuell von Ihrem Fallmanager bestimmt. Voraussetzung ist auch hier, dass die Selbstständigkeit Ihre Arbeitslosigkeit beendet und dass Sie sie in Vollzeit, mindestens aber 15 Stunden pro Woche ausüben. Sie erhalten eine Zahlung für Ihre Lebenshaltungskosten sowie für notwendige Anschaffungen, maximal kann Ihnen diese Förderung für 24 Monate gewährt werden. Ähnlich wie beim Gründungszuschuss müssen Sie auch beim Einstiegsgeld nachweisen, dass eine fachkundige Stelle wie die IHK oder ein Unternehmensberater Ihre Geschäfte für wirtschaftlich halten. Das bedeutet, dass Sie auch hier einen ausgearbeiteten Businessplan benötigen. Zudem achtet die Bundesagentur für Arbeit beim Einstiegsgeld auch auf Ihre persönliche Qualifikation. Wenn Sie über diese nachweisen können, dass Sie zur Ausübung Ihrer selbstständigen Tätigkeit befähigt sind, dann stehen Ihre Chancen auf das Einstiegsgeld schon wesentlich besser.

Exist-Gründerstipendium

Dieses Stipendium können Sie bekommen, wenn Sie noch studieren oder Ihr Hochschulabschluss maximal fünf Jahre zurückliegt. Als Selbstständiger bekommen Sie mit dem Exist-Gründerstipendium monatlich 3000 € für Ihren Lebensunterhalt für die Dauer von maximal einem Jahr. Außerdem stehen Ihnen einmalig bis zu 5000 € für Coachings sowie bis zu 30000 € für Sachausgaben innerhalb Ihres ersten Jahres zu. Auch für das Exist-Gründerstipendium brauchen Sie einen ausgearbeiteten Businessplan, denn auf dieser Grundlage wird entschieden, ob Ihnen das Stipendium gewährt wird.

KfW-Gründerkredite

Bei den KfW-Gründerkrediten handelt es sich nicht um eine Förderung im Sinne der obigen Beispiele, da Sie die aufgenommene Kreditsumme wieder zurückzahlen müssen. Erwähnenswert sind sie aber dennoch, da die KfW Kredite speziell für Gründer anbietet. Die ersten Jahre sind tilgungsfrei und die Zinssätze sind so niedrig, dass Sie damit nicht in eine Kreditfalle tappen. Zudem können Sie einen solchen Gründerkredit auch dann aufnehmen, wenn Sie kein Eigenkapital einbringen.

Businessplan-Wettbewerbe, Stipendien für Tech-Unternehmen - finde deine Nische

Die meisten Selbstständigen starten nicht mit einer innovativen Idee, sondern machen sich mit dem Produkt oder der Dienstleistung selbstständig, die sie am besten beherrschen. Sie müssen auch nichts

Innovatives machen, um auf dem Markt bestehen zu können. Wenn Sie aber innovativ unterwegs sind, dann sollten Sie sich Stipendien für Tech-Unternehmen nicht entgehen lassen. Denn davon gibt es einige, und wenn Sie einen soliden Businessplan vorweisen können, dann können Sie ein solches Stipendium bekommen und dadurch womöglich sogar auf einen Kredit verzichten. Da Sie ohnehin einen Businessplan schreiben müssen, können Sie diesen auch gleich zu einem Businessplan-Wettbewerb einreichen. Hierbei werden nicht nur die besten Ideen honoriert und finanziell gefördert, sondern der Weg dorthin wird oft durch ein Netzwerk an Experten begleitet. Je nach Wettbewerb können Sie qualitativ hochwertiges Coaching bekommen, auch wenn Ihr Businessplan noch gar nicht final ausgearbeitet ist. Solche Wettbewerbe sind daher eine echte Empfehlung für Gründer im innovativen und technischen Bereich.

Informieren Sie sich, welche Förderungsmöglichkeiten konkret für Ihre Idee in Frage kommen. Gibt es eine spezielle finanzielle Förderung, die sich an Ihre Branche richtet? Bietet Ihre Stadt für Selbstständige und Gründer finanzielle Förderung an? Gibt es einen Ideenwettbewerb, an dem Sie mit Ihrer Idee teilnehmen können, um ein Preisgeld oder ein Stipendium zu gewinnen?

4.3 Der Bankkredit

Noch vor einigen Jahrzehnten gab es weit weniger Förderungsmöglichkeiten für Selbstständige als heute. Wer damals ein Geschäft gründen wollte, kam an klassischen Bankkrediten kaum vorbei. Heute hat sich natürlich nicht nur die Infrastruktur für Gründer verbessert, sondern auch die Welt der Kredite hat sich verändert. Es ist natürlich möglich, über einen Kredit bei Ihrer Bank Ihre Idee zu verwirklichen. Bevor Sie einen Kredit aufnehmen, sollten Sie allerdings durch die Erstellung eines Finanzplans im Rahmen des Businessplans gründlich prüfen, ob das notwendig und richtig ist.

Was Sie für einen Kredit bei der Bank brauchen, ist ein solider Businessplan, der Ihre Idee unmissverständlich schildert. Dazu gehört der Finanzplan, der aufzeigt, wie Sie den Kredit einsetzen möchten, um mehr Umsatz zu generieren und den Kredit folglich zu tilgen. Typischerweise nehmen Unternehmen Kredite auf, wenn sie Anschaffungen tätigen müssen, die ihr Eigenkapital aktuell übersteigen, aber die zu mehr Umsatz führen. Ein Beispiel dafür wäre eine neue Maschine oder eine neue Produktionsstätte. Genau so müssen Sie auch denken, wenn Sie als Selbstständiger einen Kredit beantragen. Legen Sie in Ihrem Finanzplan nachvollziehbar dar, wie das Fremdkapital verwendet wird und wie genau das zu welchem Umsatz führen wird.

Bei einem Kredit sollten Sie beachten, dass es außer Ihrer Hausbank noch viele andere Banken gibt und dass woanders die Konditionen und Zinssätze besser sein können. Heutzutage ist die Hausbank für einen geschäftlichen Kredit oft gar nicht mehr die richtige Anlaufstelle. Die Zinsen für einen solchen Kredit wären zu hoch, als dass das für Sie rentabel wäre. Für geschäftliche Kredite sollten Sie sich an eine Bank wenden, die mit der KfW zusammenarbeitet und auf Geschäftliches spezialisiert ist. In den meisten Fällen kommt für Sie der KfW-Gründerkredit infrage. Da die KfW keine Filialbank ist, müssen Sie sich für die Beantragung an eine Bank wenden, die diesen Kredit führt. Die Bedingungen sind die gleichen: Der Termin macht nur mit einem ausgearbeiteten Businessplan Sinn.

Doch wie treffen Sie eine Entscheidung darüber, ob Sie überhaupt einen Kredit brauchen?

Diese Frage beantwortet Ihnen Ihr Finanzplan. Im entsprechenden Kapitel kommen wir noch darauf zu sprechen, wie Sie Ihren Kapitalbedarf ermitteln und wie Sie aus diesem Plan ableiten können, ob ein Bankkredit überhaupt notwendig und sinnvoll ist.

4.4 Crowdfunding

Eine neue und sehr beliebte Methode der Finanzierung ist das Crowdfunding. Die Vorteile sind, dass es Spaß macht, Ihnen nebenbei Bekanntheit und Reichweite verschaffen kann und oft einfacher ist, als einen Bankkredit zu bekommen.

Crowdfunding beruht auf einem einfachen Prinzip. Sie bieten Ihr Produkt oder Ihre Dienstleistung im Voraus an, während viele Investoren kleine Beträge in Sie und Ihre Idee investieren. Sie bieten ihnen je nach Summe ihrer Investitionen unterschiedliche, gestaffelte Gegenleistungen an. Wer wenig investieren möchte, kann das tun, wird aber auch nur eine kleine Gegenleistung dafür bekommen. Wer hingegen eine größere Summe investieren möchte, kann auch mit einer größeren Gegenleistung rechnen.

Crowdfunding wird typischerweise für Produkte eingesetzt, da es sich unter anderem an private Investoren richtet, die auch Käufer für Ihr Produkt sein könnten. In dieser Form handelt es sich bei Crowdfunding um eine Art Vorverkauf - wenn Sie für die Produktion nicht ausreichend Kapital zur Verfügung haben, können Sie es so einsammeln. Sie bieten dem Investor Ihr Produkt an, er wählt seine Investitionssumme und tätigt damit einen Kauf des Produktes, bevor es produziert ist. Wenn Sie genug Investoren gesammelt haben, um einen bestimmten Schwellenwert zu erreichen, können Sie in die Produktion gehen und Ihren Investoren ihren Kauf zukommen lassen. Was sich einfach und angenehm anhört, beruht natürlich auf viel gründlicher Planung. Denn damit Sie Ihren Investoren Ihr Produkt für eine bestimmte Investitionssumme versprechen können, müssen Sie natürlich wissen, was Sie die Produktion kosten wird und was Sie daran verdienen möchten.

Theoretisch ist Crowdfunding auch für Dienstleistungen möglich, gestaltet sich aber schwieriger. Gerade bei geringen Summen sind die Investoren häufig Privatpersonen, die investieren, um sich damit selbst eine Freude zu machen oder eine Idee zu fördern, die sie gut und spannend finden. Wenn Sie eine Dienstleistung anbieten können, die ein privater Investor in Anspruch nehmen würde, dann können Sie es mit Crowdfunding versuchen. Um Ihnen aber beispielsweise einen Laptop für Ihre selbstständige Tätigkeit zu finanzieren, eignet sich diese Methode eher nicht.

Zudem sollten Sie beachten, dass nicht jede Crowdfunding-Kampagne erfolgreich verläuft. Ausbezahlt wird Ihnen die Investition erst dann, wenn Sie einen Schwellenwert erreichen, den Sie selbst festlegen können. Dieser Schwellenwert ist die Summe, die Sie brauchen, um in die Produktion zu gehen. Wenn er nicht erreicht wird, dann kommt es auch nicht zu einer Auszahlung und die Kampagne wird beendet. Daher sollten Sie auch nicht alleine auf Crowdfunding setzen.

4.5 Tipps rund um die Finanzierung

Die Finanzierung Ihres Unternehmens durch Fremdkapital birgt immer auch Risiken. Je mehr Sie aus vorhandenem Eigenkapital decken können, desto sicherer starten Sie in Ihre Selbstständigkeit. Für die meisten Ideen, die Sie selbstständig verwirklichen können, ist Eigenkapital ausreichend und am sichersten. Deswegen lautet der erste wichtige Tipp rund um die Finanzierung: Versuchen Sie Ihr Unternehmen risikoarm aus eigenen Mitteln aufzuziehen, sofern das möglich ist. Anschaffungen, die unbedingt notwendig sind, müssen Sie natürlich tätigen. Sind die Anschaffungen hingegen nicht so wichtig, sollten Sie versuchen, diese aus dem laufenden Umsatz heraus zu tätigen. Das hat auch steuerliche Vorteile für Sie.

Wenn Sie über eine Fremdfinanzierung nachdenken, setzen Sie unbedingt einen sauberen, durchdachten und geprüften Finanzplan auf. Es gibt viele gute und auch kostenlose Coaching-Angebote für Gründer, die Ihnen bei Ihrem Finanzplan helfen. Das ist nicht nur wichtig, um Investoren und Banken zu überzeugen, sondern um auch Ihnen selbst die Sicherheit zu bieten, dass Sie Kredite wirklich zurückzahlen können.

Informieren Sie sich unabhängig von Ihrem Eigenkapital und Ihrem Finanzbedarf über Möglichkeiten, Ihre Geschäftsidee fördern zu lassen. Förderung unterscheidet sich vom Kredit dahingehend, dass dieses Geld Ihnen gehört. Wenn Sie einen Anspruch auf Förderung haben, dann sollten Sie ihn in jedem Fall auch nutzen. Diese erleichtert Ihnen den Start in Ihre Selbstständigkeit und sichert Sie gerade in der kritischen ersten Zeit ab. Fangen Sie rechtzeitig vor der Gründung an, sich über Möglichkeiten der Förderung zu informieren, da es seine Zeit dauern kann, bis Sie eine Bewilligung einer finanziellen Leistung erhalten.

Checkliste: Finanzierung

Die Finanzierung Ihres Unternehmens ist gerade am Anfang entscheidend. Notwendige Anschaffungen, Ihr Gehalt und anfängliche Kosten müssen bezahlt werden, noch während Sie die ersten Kunden akquirieren und Ihre ersten Aufträge annehmen. Im laufenden Betrieb werden Sie Ausgaben aus Ihren Einnahmen heraus decken können, ohne zusätzliches Fremdkapital investieren zu müssen. Am Anfang ist die Finanzierung aber noch schwieriger und Sie sind noch mehr darauf angewiesen, dass sie durchdacht ist, weshalb Sie unbedingt mit einem soliden Plan an den Start gehen müssen.

Deswegen haben wir für Sie eine Checkliste aufbereitet, damit Ihre Finanzen am kritischsten Punkt Ihrer Selbstständigkeit geregelt verlaufen.

- [ ] Machen Sie eine Aufstellung, welches Eigenkapital Sie einbringen.

- ❑ Stellen Sie zusammen, was für Ihren Start in die Selbstständigkeit an finanziellen Mitteln notwendig ist und ob Ihnen dazu noch Mittel fehlen.
- ❑ Informieren Sie sich frühzeitig über Förderungsmöglichkeiten für Gründer an Ihrem Standort.
- ❑ Vergleichen Sie so viele verschiedene Anbieter und Möglichkeiten, wie Sie finden können, wenn Sie auf Fremdkapital angewiesen sind. Die Konditionen sind gerade bei Bankkrediten entscheidend.
- ❑ Informieren Sie sich im Detail über Möglichkeiten der Finanzierung, wenn Sie sie nutzen möchten - auch über dieses Kapitel hinaus. Wenn Sie beispielsweise eine Crowdfunding-Kampagne starten wollen, lesen Sie sich in die Funktionsweise ein, schauen Sie sich erfolgreiche Kampagnen an, suchen Sie Kontakt zu erfolgreichen Gründern und informieren Sie sich über die verschiedenen Crowdfunding-Plattformen. Werden Sie zum Experten für Ihre gewünschte Form der Finanzierung.

Finanzplanung

Noch ein Kapitel über Finanzen?

Ja, denn Finanzierung und Finanzplanung sind wie zwei Gegensätze. Das Kapitel über Finanzierung hat die Möglichkeiten aufgezeigt, wie Sie an benötigtes Kapital kommen können, um in der kritischen ersten Phase Ihre Existenz zu sichern oder Ihre Geschäftsidee durch eine Investition möglich zu machen. Bevor Sie jedoch über Finanzierung nachdenken können, müssen Sie im Rahmen Ihres Finanzplans klären, welchen Kapitalbedarf Sie überhaupt haben und wie Sie diese finanziellen Mittel einsetzen möchten.

Ein Finanzplan für ein innovatives Unternehmen, welches ein neues Produkt auf den Markt bringt und dieses erst entwickeln muss, wird natürlich viel detaillierter und komplexer ausfallen als der Plan für eine Selbstständigkeit auf Basis einer Dienstleistung. Doch selbst wenn Sie als Ein-Mann-Betrieb selbstständig werden und Ihrer Leidenschaft nachgehen wollen, ist der Finanzplan essenziell wichtig. Er sorgt dafür, dass Sie nicht von Kosten, Steuern, Beiträgen und Versicherungen überrascht werden, die nun bald auf Sie zukommen. Ihr Finanzplan beantwortet die Frage, wie viel Umsatz Sie generieren müssen, damit sich Ihre Selbstständigkeit für Sie lohnt.

Was auf den ersten Blick kompliziert klingt, muss keine Wissenschaft sein. Ein solider Finanzplan beruht auf dem Wissen um die Kosten, die durch die Selbstständigkeit auf Sie zukommen werden. Er stellt diese den notwendigen Einnahmen gegenüber, damit Sie wissen, was Sie erwirtschaften müssen und welches Gehalt Ihre Selbstständigkeit Ihnen einbringen kann. Wenn Sie nicht gerade vorhaben, das nächste Elektroauto zu entwickeln, dann genügt Ihnen wahrscheinlich sogar eine simple Excel-Tabelle. Das einfache Werkzeug wird aber schon bald Ihr bester Freund sein, der Ihnen verrät, ob Sie sich Anschaffungen oder eine Gehaltserhöhung leisten können. Investieren Sie Zeit und Gründlichkeit in Ihren Finanzplan, denn Sie kreieren damit ein Werkzeug, welches Ihnen jeden Tag im laufenden Betrieb helfen wird.

Bevor wir ins Detail gehen, was in den Finanzplan gehört, ein letzter Tipp: Wenn Sie (noch) nicht fit in betriebswirtschaftlichen Kennzahlen sind, sollten Sie sich in diese einlesen. Was Begriffe wie brutto, netto, Break Even oder Umsatz vor Steuern bedeuten, müssen Sie wissen - selbst dann, wenn Sie sich entscheiden, einen Steuerberater zu engagieren, der Ihnen die unangenehme Arbeit abnimmt. Ein BWL-Studium müssen Sie natürlich nicht nachholen, denn es gibt viele gute Bücher, die Ihnen die wichtigsten Begriffe verständlich erklären. Investieren Sie diese Zeit, bevor Sie gründen, denn umso leichter wird es Ihnen fallen, in der Selbstständigkeit mit Finanzen umzugehen.

5.1 Die Cashflows in der Selbstständigkeit

Was ist eigentlich ein Cashflow? Wortwörtlich übersetzt bedeutet dieser Begriff “Geldfluss” und genau das ist auch damit gemeint. Ein Cashflow findet immer dann statt, wenn Geld den Besitzer wechselt. Zahlt Ihr Kunde seine Rechnung, dann findet ein Cashflow statt. Zahlen Sie hingegen eine Steuer ans Finanzamt, ist auch das ein Cashflow. Von einem positiven

Cashflow ist die Rede, wenn Ihre Einnahmen Ihre Ausgaben übersteigen und somit Überschuss generiert wird. Ein negativer Cashflow ist es hingegen, wenn Sie höhere Ausgaben als Einnahmen haben und damit Verlust machen. Übrigens muss ein negativer Cashflow nicht bedeuten, dass Sie mit dem Unternehmen nichts verdient haben. Schließlich gehört auch Ihr Gehalt zum Cashflow und es kann für ein Unternehmen in der Gründung sogar von Vorteil sein, im Gründungsjahr einen negativen Cashflow zu haben.

Ihr Finanzplan ist die Summe all Ihrer Cashflows durch Ihre selbstständige Tätigkeit. Er soll Ihnen aufzeigen, welche Einnahmen welchen Ausgaben planmäßig gegenüberstehen. Sie können den Cashflow mithilfe von Software skizzieren oder dies in einer Excel-Tabelle abbilden - das liegt ganz bei Ihnen. Wichtig ist jedoch, dass Sie Ihre Ausgaben und Einnahmen im Blick haben, wobei Ihnen der Cashflow hilft.

Ausgaben

Planen Sie nach Möglichkeit, welche Ausgaben einmalig und fortlaufend auf Sie zukommen werden. Sie können diese jetzt auch schon priorisieren und Ausgaben bestimmen, die unbedingt notwendig sind - so sehen Sie leichter Einsparpotenziale und können bestimmte Ausgaben auf einen späteren Zeitpunkt legen, falls notwendig. In den Bereich der Ausgaben fällt auch das Gehalt, das Sie sich auszahlen möchten, da dieses für Ihr Unternehmen eine Ausgabe ist.

Einnahmen

Nachdem Sie Ihre Ausgaben skizziert haben, müssen Sie errechnen, wie viele Einnahmen Sie brauchen. Wenn Sie Ihre Einnahmen aus Dienstleistungen generieren, dann müssen Sie jetzt kalkulieren, welchen Stundensatz oder Projektpreis Sie aufrufen müssen, um Ihre laufenden Ausgaben zu decken. Definieren Sie für jede Ihrer Dienstleistungen einen Preis. Wenn Sie ein

Produkt auf den Markt bringen, dann kennen Sie jetzt Ihre Kosten für Herstellung, Marketing und Versand und können errechnen, was Sie pro verkauftem Produkt verdienen möchten.

Tipp

Als Selbstständiger müssen Sie Ihre Buchhaltung erledigen und werden dafür wahrscheinlich eine Buchhaltungssoftware benötigen. Viele dieser Softwares können Ihre Cashflows im laufenden Betrieb visualisieren. Mit einer solchen Lösung sind Sie nicht mehr auf Excel angewiesen und sehen Ihren Cashflow jederzeit aktuell anhand Ihrer Rechnungen und Buchhaltungsvorgänge.

5.2 Steuern

Eine Ihrer wichtigsten und höchsten Ausgaben werden die Steuern sein. Es gibt verschiedene Steuerarten, die Sie entweder grundsätzlich als Selbstständiger zahlen müssen oder die je nach Umsatz auf Sie zukommen werden. Allerdings sind Steuern nicht nur arbeitsintensiv und kostspielig, sondern eine Möglichkeit für Sie, auch vom Staat etwas zurückzubekommen.

Wir widmen den verschiedenen Arten von Steuern einen eigenen Abschnitt im Kapitel über Rechnungen und Steuern.

Steuern können ein komplexes Thema sein, gerade wenn Sie damit bisher wenig Berührungspunkte hatten. Deswegen sollten Sie rechtzeitig vor Ihrer Gründung beginnen, sich in die anfallenden Steuern einzulesen. Wichtig ist, dass Sie die Hintergründe der einzelnen Steuern verstehen und wissen, wann und worauf sie fällig werden. Denn so können Sie sich auch darauf einstellen, wenn Sie mit der Zeit mehr Umsatz generieren und dann auch höhere oder andere Steuern zahlen müssen.

Grundsätzlich ist es natürlich möglich, dass Sie sich selbst um Ihre steuerlichen Angelegenheiten kümmern. Wenn Sie aber wenig Erfahrung oder Berührungsängste mit dem Thema haben, dann kann es gerade in der Anfangszeit sinnvoll sein, einen Steuerberater zu engagieren. Viele Selbstständige leisten sich auch weit über die Gründungszeit hinaus den Steuerberater, da er ihnen viel Arbeit abnimmt, sodass sie in dieser Zeit arbeiten können. Möglich ist es auch, einen einmaligen Beratungstermin bei einem Steuerberater zu buchen, um sich darüber aufklären zu lassen, welche Steuern auf Sie zukommen, wie Sie diese anmelden und wann Sie sie zahlen. Das kann Ihnen helfen, Belange wie die Umsatzsteuer selbst zu regeln. Für umfangreiche und komplexe Themen wie die Einkommensteuer oder eine Bilanz ist es dennoch sinnvoll, einen erfahrenen Steuerberater zu engagieren, um keine Fehler zu machen und dadurch Geld zu verlieren. Bedenken Sie die eventuellen Kosten eines Steuerberaters unbedingt auch in Ihrem Finanzplan, da Steuerberater zu den kostspieligeren Dienstleistern gehören. Fragen Sie auch mehrere Steuerberater rechtzeitig vor der Gründung an, da viele Kanzleien schon ausgebucht sind und Sie eventuell nicht sofort den passenden Dienstleister finden. Schließlich muss es wie bei jedem Dienstleistungsverhältnis auch zwischenmenschlich passen und Sie müssen ein gutes Gefühl dabei haben.

Bei Steuern duldet das Finanzamt in der Regel keinen Zahlungsaufschub. Sollten Sie einmal Ihre Steuern nicht zahlen können, müssen Sie sich zügig an das Finanzamt wenden und um Stundung bitten. Sofern Sie proaktiv Kontakt aufnehmen, sind die meisten Finanzämter bereit, mit sich reden zu lassen. Sollte das einmal der Fall sein, müssen Sie begründen, wieso Sie die Steuer nicht auf einmal bezahlen können.

5.3 Beiträge

Selbstständige oder handwerklich tätige Betriebe müssen Beiträge entweder an die IHK oder die HWK entrichten. Ab einem gewissen Umsatz sind sie Mitglieder der IHK oder HWK und müssen durch ihre Beiträge mithelfen, diese zu finanzieren. Grundsätzlich gibt es auch den Fall, dass sowohl bei der IHK als auch bei der HWK Beiträge zu entrichten sind. Das trifft auf Betriebe zu, die teils handwerklich arbeiten und teils Dienstleistungen erbringen. In der Praxis ist es aber so, dass IHK und HWK hierüber informiert werden können, sodass nur ein Beitrag zu entrichten ist, den die beiden Kammern dann untereinander aufteilen. Das ist für Gründer zwar wissenswert, wird aber in der Praxis wahrscheinlich keine Anwendung finden.

Wenn es sich bei Ihrer Selbstständigkeit um einen handwerklichen Beruf handelt, dann ist für Sie wahrscheinlich die HWK zuständig. Handwerkliche Berufe sind nach dieser Definition diese, die eine Zulassung benötigen, also für die Sie beispielsweise die Gesellenprüfung haben ablegen müssen. Für das Gründungsjahr können Sie befreit werden, wenn es sich bei Ihrem Unternehmen um eine natürliche Person handelt und Sie nicht mehr als 25.000 € Jahresgewinn machen. In den darauf folgenden Jahren müssen Sie nur einen abgestuften Beitrag zahlen, sofern Sie diesen Gewinn nicht überschreiten. Die genauen Regelungen können Sie der Website in Ihrer regional zuständigen HWK entnehmen. Auch, wenn Sie Ihrem Gewerbe zunächst nebenberuflich nachgehen, können Sie von den Beiträgen befreit werden. Am besten wenden Sie sich in diesem Fall direkt an die zuständige HWK und klären Ihr Anliegen mit dem Sachbearbeiter.

Bei den Beiträgen zur IHK gestaltet es sich einfacher. Mitglied bei der IHK sind Sie zunächst, wenn Sie als Gewerbetreibender Gewerbesteuer zahlen müssen, was abhängig von Ihrem Umsatz ist. Davon ausgenommen sind Freiberufler. Für sie sind weder IHK noch HWK zuständig, da sie eigene Kammern haben, denen sie Beiträge leisten. Es gibt viele Möglichkeiten, sich von diesem Beitrag für die IHK befreien zu lassen. Jede IHK regelt das unterschiedlich, wobei die Regelungen oft ähnlich sind. So ist es beispielsweise meistens möglich, Sie in den ersten zwei Jahren vom Beitrag befreien zu lassen, wenn Ihr Umsatz unter einer Grenze von 5200 € liegt. Natürliche Personen, also Kleingewerbe ohne Handelsregistereintrag, sind ebenfalls vom Beitrag befreit, sofern sie unterhalb einer Umsatzgrenze liegen. Wie bei der HWK sollten Sie sich frühzeitig bei Ihrer zuständigen IHK beraten lassen, ob und in welcher Höhe Sie einen Beitrag leisten müssen oder ob Sie sich befreien lassen können.

Wenn Sie Freiberufler sind und kein größeres Unternehmen damit aufziehen, sondern als einzelne Person auftreten möchten, dann ist für Sie zunächst die Kammer zuständig, die die Zulassung zur Ausübung des Berufes erteilt. Auch hier müssen Sie Beiträge leisten, die von Kammer zu Kammer unterschiedlich sind. Sie stehen Gründern beratend zur Seite und beantworten alle Fragen bezüglich der Höhe der Beiträge und einer möglichen Befreiung.

Egal, welche Kammer zuständig ist: Wichtig ist es, zu wissen, ab welcher Umsatzgrenze Beiträge von der Kammer erhoben werden. Denn diese müssen in die Aufstellung der laufenden Kosten der Finanzplanung einfließen. Vor allem sollten Sie immer im Blick behalten, ob Sie sich dieser Umsatzgrenze nähern, damit Sie darauf vorbereitet sind, dass ein Beitrag in naher Zukunft erhoben wird.

5.4 Kranken- und Sozialversicherung

Ein weiterer sehr wichtiger Kostenblock, den Sie bei Ihrer Finanzplanung berücksichtigen müssen, ist Ihre persönliche Versicherung. Selbstständige können, müssen sich aber nicht mehr gesetzlich krankenversichern, jedoch haben sie eine Pflicht zur Krankenversicherung. Ohne geht es also nicht. Zudem sind Sie auch nicht mehr in der Sozialversicherung, sondern Sie müssen sich darum nun selbst kümmern. Die Pflegeversicherung müssen Sie zahlen, jedoch wird dieser Beitrag über die Krankenversicherung abgerechnet. Es liegt nun an Ihnen, ob Sie beispielsweise eine Berufsunfähigkeit, Arbeitslosigkeit oder Unfälle absichern möchten.

Dem wichtigen Thema der Krankenversicherung sowie weiteren sinnvollen Versicherungen widmen wir ebenfalls einen eigenen Abschnitt im nächsten Kapitel.

Arbeiten Sie sich in das Thema der Krankenversicherung ein und entscheiden, ob eine private oder eine freiwillige gesetzliche Versicherung die beste Wahl sind. Diese Kosten sind fixe Kosten, die unbedingt gedeckt sein müssen. Wenn Sie nebenberuflich selbstständig sind, kann es sein, dass Sie weiterhin in der gesetzlichen Krankenversicherung bleiben können und Ihr Arbeitgeber den Beitrag direkt dorthin zahlt, so wie es im Angestelltenverhältnis auch bisher gewesen ist. Ob Sie als nebenberuflich selbstständig gelten, müssen Sie direkt mit Ihrer Krankenkasse klären. Wichtig für diese Frage ist, welchen Anteil Ihrer Arbeitszeit die selbstständige Tätigkeit ausmacht.

Die meisten Selbstständigen müssen keine Beiträge mehr zur Sozialversicherung leisten. In bestimmten Fällen müssen sie das jedoch weiterhin, beispielsweise dann, wenn fünf Sechstel ihres Erwerbs von nur einem einzelnen Auftraggeber kommen. Denn dann sind sie von diesem Auftraggeber abhängig und werden durch die Sozialversicherungspflicht vom Staat geschützt. Auf die meisten Selbstständigen wird diese Pflicht jedoch nicht zutreffen. Mit der Pflicht zur Sozialversicherung entfällt nicht nur die Pflicht zur Beitragszahlung, sondern Sie erhalten ab dem Zeitpunkt, ab dem Sie keine Beiträge mehr entrichten, auch keine Leistungen mehr. Das gilt natürlich nicht für Beiträge, die Sie schon entrichtet haben. Da jedoch jeder Fall individuell und komplex ist, sollten Sie sich am besten an die Rentenversicherung wenden und sich über Ihren Fall aufklären lassen. Nach diesem Beratungsgespräch können Sie auch entscheiden, ob es sinnvoll ist, sich zusätzlich abzusichern. Versicherungsangebote für Selbstständige gibt es viele, Sie werden also nicht im Regen stehen gelassen. Die zusätzlichen Versicherungen, für die Sie sich entscheiden, müssen ebenfalls in den Finanzplan einfließen. Holen Sie sich also entsprechende Angebote rechtzeitig ein, damit Sie pünktlich zur Finanzplanung eine verlässliche Zahl haben, mit der Sie rechnen können.

5.5 Investitionen und Abschreibungen

Kosten, Kosten, Kosten ... bis jetzt haben wir vor allem über Themen gesprochen, die Sie in der Selbstständigkeit Geld kosten werden. So wichtig eine klare Übersicht der anfallenden Kosten ist - mit diesen wichtigsten Feldern ist sie nun endlich abgeschlossen und wir widmen uns einem Thema, das Ihnen sicherlich mehr Freude bereitet. Investitionen sind für Ihre selbstständige Tätigkeit notwendig, ob es sich nun um einen neuen Laptop handelt oder nur um Büromaterial. Bei diesen Kosten haben Sie völlig freie Hand, wofür Sie Geld ausgeben möchten und wie viel Sie investieren wollen. Gerade deswegen macht so vielen Selbstständigen ihre Tätigkeit Spaß, denn beim Einkauf sind sie völlig frei.

Eine Investition ist eine Ausgabe für Ausstattung, die Sie brauchen, um Ihrer Tätigkeit nachgehen zu können. Stellen Sie im Rahmen des Finanzplans auf, was Sie neu anschaffen müssen und wie viel es kosten wird. Da es sich um eine Anschaffung für Ihre Tätigkeit handelt, können Sie hier vom Nettopreis ausgehen. Warum? Weil Sie die Umsatzsteuer geltend machen können - wie genau dazu kommen wir im entsprechenden Abschnitt über Steuern. Damit unterstützt das Finanzamt Gründer sogar in Form von Steuererleichterungen bis hin zu eventuellen Rückerstattungen, sollten Sie in der Gründungszeit mehr Umsatzsteuer durch deine Investitionen zahlen, als Sie selbst entrichten müssen.

Eine weitere Möglichkeit, von Investitionen zu profitieren, ist die Abschreibung. Wie genau funktioniert dieses Prinzip? Eine Abschreibung geht davon aus, dass eine Anschaffung durch Abnutzung, Alterung und derartige Faktoren mit der Zeit ihren Wert verliert. Am einfachsten lässt sich dieses Beispiel anhand eines Pkws erklären. Ein Auto, welches Sie heute kaufen, wird schon nächstes Jahr natürlich nicht mehr zu diesem Preis verkauft werden können, da es an Wert verloren hat. So verhält es sich mit allen Anschaffungsgütern in der Wirtschaft. Es gibt Tabellen, die je nach Wirtschaftsgut regeln, welchen Prozentsatz ein Anschaffungsgut an Wert verloren hat. Dadurch, dass Ihre Investitionen Jahr für Jahr an Wert verlieren, führt das für Sie zu Steuererleichterungen. Wenn Sie sich dafür entscheiden, Anschaffungen abzuschreiben, dann haben Sie für mehrere Jahre steuerliche Vorteile dadurch. Eine Abschreibung macht allerdings nicht in jedem Fall Sinn. Wenn es sich beispielsweise nur um kleine Investitionen handelt, wie etwa für Büromaterial, kommt das eher nicht infrage. Ein Steuerberater kann Ihnen die Frage beantworten, ob die Abschreibung für eine geplante Investition sinnvoll ist oder nicht.

5.6 Umsatz und Gewinn

Wenn Sie aus einem betriebswirtschaftlichen oder kaufmännischen Beruf kommen, ist Ihnen der Unterschied zwischen Umsatz und Gewinn natürlich bekannt. Dann können Sie diesen Abschnitt überspringen.

Dennoch ist es sehr wichtig, Umsatz und Gewinn nicht als gleich zu verstehen, weshalb wir zum Abschluss noch darauf eingehen wollen, was diese beiden wichtigen Begriffe jeweils bedeuten.

Umsatz beschreibt die Summe an Geldflüssen, welche bei Ihnen eingegangen sind. Ihr Umsatz ist die Summe aller Forderungen an Ihre Kunden. Steuern, Beiträge und sonstige Verpflichtungen wurden vom Umsatz noch nicht entrichtet. Deswegen sagt der Umsatz auch nichts darüber aus, was Sie durch Ihre Tätigkeit verdienen und wirklich für sich selbst nutzen können. Ein Umsatz ist es beispielsweise auch, wenn Sie eine Investition tätigen, also somit Ihren Umsatz verringern. Der Umsatz ist eine wichtige Zahl, da anhand dessen beispielsweise die Pflicht zum Beitrag bei der IHK oder Ihre Steuerlast errechnet wird. Deswegen kann es sinnvoll sein, darauf zu achten, dass der Umsatz nicht zu hoch ausfällt und bestimmte Grenzen nicht überschreitet. Sollten Sie also feststellen, dass Ihr Umsatz knapp an einer kritischen Grenze liegt, dann wäre jetzt ein guter Zeitpunkt, eine geplante Investition zu tätigen, um den Umsatz zu verringern. Von dieser Investition haben Sie schließlich auch etwas und bleiben innerhalb Ihrer Umsatzgrenzen, was Ihnen höhere Steuern oder einen Beitrag erspart.

Der Gewinn wiederum ist die Zahl, die vom Umsatz übrig bleibt, wenn Sie Steuern abgeführt, verpflichtende Beiträge entrichtet und Ihre laufenden Kosten gedeckt haben. Für Sie persönlich ist der Gewinn eine wichtige Zahl, da er Ihnen sagt, was Sie wirklich mit Ihrer Tätigkeit verdient haben. Machen Sie Gewinn, dann können Sie sich beispielsweise auch ein höheres Gehalt auszahlen, da Ihr Unternehmen alle Verpflichtungen gezahlt hat und jetzt Kapital übrig ist. Es ist natürlich ebenfalls möglich, den Gewinn im Unternehmen zu belassen oder damit eine Investition für Ihren Betrieb zu tätigen. Was Sie mit dem Gewinn machen, ist allein Ihnen überlassen.

Die Unterscheidung dieser beiden Begriffe ist deswegen so wichtig, damit Sie einschätzen können, wie Ihr Unternehmen finanziell wirklich dasteht. Ein hoher Umsatz alleine sieht auf den ersten Blick gut aus, jedoch werden darauf noch Steuern erhoben und Sie müssen Beiträge entrichten. Allerdings bedeutet ein hoher Umsatz auch, dass Sie jetzt investieren können, da es vereinfacht ausgedrückt gut ist, den Umsatz gering zu halten. Der Gewinn wiederum ist das, worauf Sie hinarbeiten. Was nach verpflichtenden Steuern und Beiträgen übrig bleibt, gehört Ihnen. Viele Unternehmen planen, im ersten Jahr keinen Gewinn zu machen, da sie beispielsweise Investitionen tätigen müssen oder darauf bauen, Rückerstattungen vom Finanzamt zu bekommen. Diese Strategie ist vollkommen legitim, allerdings sollten Sie im Folgejahr darauf achten, Gewinn zu machen. Es kann beispielsweise sinnvoll sein, im ersten Jahr nicht mit Gewinn zu rechnen, wenn Sie sich nebenberuflich selbstständig machen. Schließlich bekommen Sie so immer noch das Gehalt vom Arbeitgeber, welches Ihnen für die Lebenshaltung zur Verfügung steht. Währenddessen können Sie aus dem Umsatz Ihres nebenberuflichen Gewerbes notwendige Anschaffungen tätigen, ohne dass Sie dafür Ihr Gehalt verringern müssen.

Solche Planungen sind Gegenstand für Ihren Finanzplan. Wägen Sie sorgfältig die Vor- und Nachteile eines solchen Vorgehens ab und entscheiden dann, ob es für Sie Sinn macht, im ersten Jahr zugunsten des Aufbaus Ihres Unternehmens auf Gewinn zu verzichten und Ihre Lebenshaltungskosten anderweitig zu decken.

Rechnungen und Steuern

Wenn Ihr Unternehmen keinen Umsatz erwirtschaftet, also still steht, dann stellen Sie keine Rechnungen und es können auch keine Steuern anfallen. Erst wenn "Bewegung" in Ihre selbstständige Tätigkeit kommt, werden auch Steuern überhaupt relevant. Das bedeutet jedoch auch, dass ab der ersten Rechnung Steuern auf Sie zukommen. Die einzige Ausnahme besteht darin, dass Sie ein Kleingewerbe führen, also von der Umsatzsteuer befreit sind. Dann können Sie zunächst Rechnungen ausstellen, ohne dass jede Rechnung automatisch auch mit Steuern einhergeht. Lediglich die Einkünfte müssen Sie dann versteuern, haben bis dahin aber noch Zeit.

Die Kernaussage lautet dennoch, dass Sie sich über die anfallenden Steuern im Klaren sein müssen, weit bevor Sie Ihre erste Rechnung ausstellen. Befassen Sie sich mit der steuerlichen Thematik, bevor Sie gründen. Denn die Verpflichtung, Steuern zu zahlen, geht auch mit Arbeitsaufwand einher. Wenn Sie gründen möchten, müssen Sie sich darüber im Klaren sein, ob Sie sich diesen Aufwand überhaupt machen möchten und ob Sie dafür die fachkundige Unterstützung eines Steuerberaters brauchen. Wenn Sie sich selbst um Ihre Steuern kümmern möchten, macht es Sinn, frühzeitig vor der Gründung einen Beratungstermin bei einer fachkundigen Stelle zu vereinbaren, um Sie für Ihren individuellen Fall darüber aufklären zu lassen, welche Steuern fällig werden und wie Sie mit ihnen jeweils verfahren.

Wichtig im Zusammenhang mit Steuern ist auch die korrekte Stellung einer Rechnung. Dieser Teil macht Spaß, denn eine Rechnung ist die Bestätigung dafür, dass Ihr Geschäftsmodell funktioniert. Es gibt Nachfrage für Ihre Angebote und Ihre Kunden sind so zufrieden mit Ihnen, dass sie Ihre Leistungen bezahlen. Außerdem ermöglichen Rechnungen es Ihnen, flexibel mit Ihren Einkünften umzugehen. Sie können beispielsweise vereinbaren, dass Kunden bei größeren Aufträgen Teilrechnungen bezahlen. Das kann dafür sorgen, dass Sie liquide bleiben, auch wenn Sie über Wochen und Monate an einem Auftrag arbeiten. Für die Stellung an der Rechnung benötigen Sie keinen zusätzlichen Dienstleister. Mittlerweile gibt es mehrere gute Softwares, die eine rechtlich korrekte Rechnung automatisch für Sie erstellen und Ihnen viele aufwändige Arbeitsabläufe abnehmen. Eine solche Software kann sogar Ihre Umsatzsteuervoranmeldung automatisch für Sie übernehmen und eine Gewinn-und-Verlust-Rechnung erstellen, wenn Sie diese für die Einkommensteuer brauchen. Manche Anbieter einer Software für Buchhaltung und Rechnungsstellung bieten sogar einen Steuerberater-Service an, sodass Sie durch attraktive Paketpreise weitere Vorteile genießen.

6.1 Wie sieht eine Rechnung aus (In- und Ausland)?

Steuern werden fällig, wenn Sie Umsätze generieren. Das bedeutet, dass Sie keine Steuern zahlen, sofern Sie keine Rechnungen ausstellen. Die erste Rechnung ist immer ein besonderer Moment, denn sie ist gleichzeitig auch eine Anerkennung für Ihre Leistung. Bei aller Vorfreude sollten Sie aber dafür sorgen, dass Sie zum Zeitpunkt der Rechnungsstellung vorbereitet sind und wissen, wie eine ordentliche Rechnung aussehen muss. Dafür gibt es gesetzliche Vorgaben und wenn Sie sich nicht an diese halten, kann es bei der Entrichtung Ihrer Steuer zu unangenehmen, zeitaufwendigen Rückfragen des Finanzamtes kommen.

Eine Rechnung ist aufgebaut wie ein Brief. Das bedeutet, dass Sie einen Briefkopf mit der Anschrift Ihres Kunden sowie mit Ihrer eigenen Anschrift einrichten müssen. Dieser steht auch dann auf der Rechnung, wenn Sie sie per E-Mail versenden, was rechtlich in Ordnung ist und heutzutage meistens so gemacht wird. Zudem sollte sich auf Ihrer Rechnung ein Datum befinden. Bis hierhin können Sie noch mit einer Standard-Briefvorlage in einem Textverarbeitungsprogramm arbeiten, wenn Sie keine Rechnungssoftware verwenden möchten. Arbeiten Sie mit einer Rechnungssoftware, dann richten Sie diesen gleichbleibenden Teil der Rechnung in der Software ein. Optional können Sie auch Ihr Logo in die Rechnung einbauen, was sehr empfehlenswert ist, damit Ihre Kunden erkennen, von wem die Rechnung kommt und damit sich das Logo einprägt. Somit ist die Rechnung auch immer eine Möglichkeit für Sie, Marketing zu machen.

Auf den Briefkopf folgen nun weitere gesetzlich vorgeschriebene Bestandteile einer ordnungsgemäßen Rechnung.

Fortlaufende Rechnungsnummer

Jede Ihrer Rechnungen muss eine fortlaufende, nachvollziehbare Rechnungsnummer tragen. In welchem Format Sie Ihre Rechnungsnummer genau anlegen, ist Ihnen überlassen. Wichtig ist jedoch, dass erkennbar ist, dass es sich um aufsteigende und somit fortlaufende Nummern handelt. Folgende Rechnungsnummern wären sinnvoll und zulässig:

- ➲ RG-000000001
- ➲ 000000001
- ➲ 1
- ➲ 001
- ➲ Texterstellung-001
- ➲ Online-Marketing-023
- ➲ RG-2021-067

n diesen Rechnungsnummern können Sie schon erkennen, dass die letzten Zahlen jeweils für die Nummer der Rechnung stehen. Die ersten Beispiele sind eine erste Rechnung des Unternehmens. Sie tragen deswegen die Zahl 1. Auf diese Weise könnte ein Finanzbeamter einfach nachvollziehen, wenn eine Rechnung fehlt. Das ist auch der Hintergrund, dass es diese Regelung der fortlaufenden Rechnungsnummer überhaupt gibt. In einem automatischen Rechnungssystem kann es sinnvoll sein, mehrere Nullstellen einzubauen. Wenn Sie viele Rechnungen erstellen müssen, dann werden Sie natürlich auch viele fortlaufende Nummern haben. Das ist beispielsweise bei einem Online-Shop der Fall. Berücksichtigen Sie also bei der Erstellung Ihrer Rechnungsnummern, wie viele Zahlen Ihre Rechnungsnummern brauchen werden. Stellen Sie hingegen nur wenige Rechnungen aus, dann können Sie auch fortlaufend mit 1, 2, 3 oder 001, 002 und 003 nummerieren.

Darüber hinaus bieten Ihnen die Rechnungsnummern auch Möglichkeiten, für Sie selbst ein System zu schaffen. Sie können beispielsweise eine Jahreszahl oder die abgerechnete Dienstleistung in Ihre Rechnungsnummer einbauen. Wenn Sie mit einer Software oder mit Excel arbeiten, können Sie dann beispielsweise nach Dienstleistungen oder nach Jahr filtern, indem Sie einfach die Rechnungsnummern entsprechend fit haben.

Achten Sie bei Ihren fortlaufenden Rechnungsnummern darauf, dass auf den ersten Blick nachvollziehbar ist, in welcher Reihenfolge sie erstellt wurden. Orientieren Sie sich dazu an aufsteigenden Zahlen. Zudem sollten Sie mit den Rechnungsnummern auch nicht zu kreativ werden. Sollte ein Finanzbeamter einen genauen Blick auf Ihre Rechnungen werfen wollen, erspart Ihnen das Rückfragen.

Auflistung der abgerechneten Bestandteile

Im Anschluss an den Briefkopf mit fortlaufender Rechnungsnummer listen Sie nun auf, was genau Sie in Rechnung stellen. Das Stichwort lautet hier: genau.

Üblicherweise leiten Sie mit einer Grußformel wie in einem Brief sowie mit einem kurzen, einleitenden Satz zu diesem Teil über. In einer Buchhaltungssoftware können Sie diesen Teil konfigurieren, in einem Textverarbeitungsprogramm schreiben Sie ihn über die tabellarische Auflistung der abgerechneten Produkte oder Dienstleistungen. Beginnen Sie mit der persönlichen Anrede Ihres Kunden, bedanken Sie sich für das Vertrauen in Ihr Unternehmen und für den Auftrag und fahren Sie damit fort, dass Sie folgende Produkte oder Dienstleistungen in Rechnung stellen. Falls es eine Auftragsnummer oder ein Datum der Beauftragung gibt, dann können Sie dieses nun hier anführen. Auch falls Sie individuelle Vereinbarungen getroffen haben, können Sie diese hier erwähnen, damit der Kunde nachvollziehen kann, wie die Rechnung zustande gekommen ist.

Die Auflistung der abgerechneten Bestandteile folgt nun als Tabelle mit drei Spalten.

Wenn Sie lediglich ein Produkt oder eine Dienstleistung abrechnen, dann können Sie dies so in der ersten linken Spalte notieren. Beschreiben Sie nach Möglichkeit genau, um was es sich handelt. Bei einem Produkt schreiben Sie beispielsweise die Produktnummer, SKU oder eine andere eindeutige Erkennung dazu. Bei einer Dienstleistung sollten Sie möglichst genau beschreiben, was gemacht wurde und wann und in welcher Form der Auftrag dazu erteilt wurde.

In der zweiten Spalte von links notieren Sie den Nettobetrag. Der Nettobetrag ist der Preis der Dienstleistung oder des Produktes ohne Umsatz- oder Mehrwertsteuer. Wenn Sie an einen Endverbraucher verkaufen, dann bezahlt dieser nicht den Nettobetrag und der interessiert ihn wahrscheinlich gar nicht. Für diesen Fall dürfen Sie den Nettobetrag kleiner formatieren, damit er nicht mehr so auffällt und womöglich noch Verwirrung stiftet. Weglassen dürfen Sie ihn allerdings nicht. Haben Sie hingegen Ihre Dienstleistung oder ein Produkt einem anderen

Unternehmer verkauft, dann interessiert ihn der Nettobetrag durchaus und Sie sollten ihn durch Formatierung hervorheben.

In der dritten und letzten Spalte steht der Bruttobetrag. Das ist der Nettobetrag zuzüglich Umsatz- oder Mehrwertsteuer. Für Unternehmer ist dieser Betrag weniger relevant, sodass Sie ihn unauffälliger formatieren können. Vertreiben Sie hingegen an den Endverbraucher, dann ist das der Betrag, den er zahlt. Er bekommt schließlich keine Umsatzsteuer vom Finanzamt zurück. Deswegen sollten Sie in diesem Fall den Bruttobetrag hervorheben. Beim Bruttobetrag notieren Sie, welchen Steuersatz Sie erheben. Es gibt beispielsweise eine 7%-ige und eine 19%-ige Mehrwertsteuer. Während der Coronakrise war es außerdem möglich, mit verringerten Steuersätzen zu handeln, was ebenfalls deutlich vermerkt werden musste.

Wenn Sie einen Rabatt gewährleisten möchten, dann lassen Sie diesen in die tabellarische Auflistung einfließen. Vermerken Sie in der ersten Spalte, in welcher Höhe der Rabatt gewährt wird. Hier dürfen Sie auch notieren, um welche Art von Rabatt es sich handelt. Ziehen Sie die Summe oder den Prozentsatz schließlich von Ihren Preisen ab, indem Sie den jeweils ursprünglichen Betrag notieren und darunter den rabattierten Betrag ausweisen. Ursprüngliche Preise und Rabatte müssen als solche auf den ersten Blick erkennbar sein - niemand darf erst den Taschenrechner zücken müssen, um Ihre Rechnung verstehen zu können.

Wie verhält es sich nun, wenn Sie mehr als ein Produkt oder eine Dienstleistung verkaufen? Wenn Sie mehrere Produkte verkauft haben, dann listen Sie diese einzeln nacheinander auf und geben immer auch an, in welcher Menge sie bestellt wurden. Nummerieren Sie Ihre Zeilen durch. So wird es übersichtlicher. Anschließend fügen Sie eine Summenzeile ein, aus der hervorgeht, welcher Betrag zu zahlen ist. Sollten Sie einen Rabatt auf die gesamte Summe gewähren, dann fließt dieser Rabatt in die Summenzeile ein, in den einzelnen Produkten brauchen Sie ihn nicht zu nennen. Bei Dienstleistungen verfahren Sie genauso. Wenn sie aufeinander aufbauen, dann haben Sie in der linken Spalte die Möglichkeit, dies zu erklären. Sollte es sich um eine Teilzahlung einer größeren Dienstleistung handeln, dann geben Sie dies im Betreff der Rechnung an und erwähnen es auch noch einmal in der Beschreibung der Dienstleistung in dieser tabellarischen Aufstellung.

Im Anschluss an diese tabellarische Auflistung folgt ein kurzer, aber wichtiger Schlusssatz. Er muss folgende Punkte enthalten:

- Zahlungsziel: bis wann hat der Kunde Zeit, Ihre Rechnung zu bezahlen?
- Auf welches Konto soll die Rechnung überwiesen werden?
- Gewähren Sie Skonto? Wenn ja, welchen Prozentsatz und innerhalb welchen Zeitraumes?

Sollten Sie ein Kleingewerbe betreiben, dann muss sich in der Rechnung der Hinweis darauf befinden, dass Sie keine Umsatzsteuer abführen. Wo genau Sie diesen Hinweis einbauen, ist Ihnen überlassen. Am einfachsten nachvollziehbar ist er aber, wenn Sie ihn in die Begrüßung oder an dieser Stelle einfügen.

Nun folgt die Fußzeile Ihrer Rechnung. Hier können Sie notieren, wie Ihre Bankverbindung lautet.

Neben diesem grundlegenden Aufbau gibt es noch einige weitere Punkte, die Sie in Ihrer Rechnung erwähnen müssen. Wo genau Sie diese Erwähnungen machen, ist Ihnen überlassen. Wichtig ist aber, dass sie auf den ersten Blick zu erkennen sind. Die konkreten Punkte sind:

- Steuernummer und Umsatzsteuer-ID (Achtung, es ist nicht Ihre persönliche Steuernummer gemeint, sondern die Ihres Gewerbebetriebs, die Ihnen vom Finanzamt zur Gründung mitgeteilt wird!)

- Zuständige Kammer, falls relevant (z. B. bei Handwerksberufen oder Freiberuflern)
- Anschrift Ihres Unternehmens (es gilt der Sitz des Gewerbes, die Ihre Privatadresse sein kann, aber nicht muss)

Um alle diese Vorschriften zu beachten, ist es empfehlenswert, eine Software einzusetzen, die die Rechnungen für Sie erstellt. Diese würde Sie gar keine Rechnung erstellen und versenden lassen, wenn gesetzlich vorgeschriebene Bestandteile fehlen. Auch kann eine solche Software für Sie die Formatierung der Rechnung übernehmen, sodass Sie schnell loslegen können und keinen Stress bei der Einrichtung haben.

Etwas schwieriger können Rechnungen ins Ausland sein. Hier gilt das Prinzip, dass der Empfänger der Rechnung die Umsatzsteuer in seinem Land abführt, Sie müssen jedoch je nach Land keine Angaben zur Steuer machen. Da jedes Land hier unterschiedliche Regelungen hat, müssen Sie sich im Einzelfall informieren. Ein typisches Beispiel ist etwa die Schweiz. Hier gilt: Der Schweizer Empfänger der Rechnung führt die geltende Steuer in der Schweiz ab, Sie rechnen somit den Nettobetrag ab - es wird von Ihnen nicht erwartet, sich ins Steuersystem der Schweiz einzulesen. Erwähnen Sie in einem zusätzlichen Satz in der Schlussformel, dass es sich hierbei um eine Rechnung ins Ausland handelt und deswegen keine Umsatzsteuer angegeben wird. Wenn Sie sich unsicher sind, sollten Sie sich vor der Stellung der Rechnung an Ihren Steuerberater wenden und fragen, wie genau die Rechnung in diesem Fall aussehen muss.

6.2 Welche Steuern fallen an?

Als Arbeitnehmer haben Sie mit Steuern offen wenig zu tun. Ihr Arbeitgeber führt die Lohnsteuer direkt ans Finanzamt ab, sodass Sie in vielen Fällen noch nicht einmal eine Steuererklärung machen müssen.

Als Selbstständiger kommen jedoch mehrere neue Steuern auf Sie zu, mit denen Sie als Angestellter keinerlei Berührungspunkte haben. Doch keine Angst: Steuern sind zwar ein komplexes Thema, aber Sie können sich in das Thema einarbeiten und Ihre Steuer sogar selbst erledigen. Wenn Sie das nicht machen möchten, können Sie sich an einen Steuerberater wenden und haben die Sicherheit, dass Ihre Steuern korrekt angegeben und abgeführt werden. Zunächst ist es aber wichtig zu verstehen, welche Steuern durch die Selbstständigkeit auf Sie zukommen, was sie jeweils bedeuten und mit welcher Höhe Sie rechnen müssen.

Umsatzsteuer

Die erste Steuer, mit der Sie als Selbstständiger zu tun haben werden, ist die Umsatzsteuer. Es gibt nur einen Weg, sie zu umgehen, und das ist die Anmeldung Ihres Betriebes als Kleinunternehmen nach §19 UstG. Mit dieser Regelung verzichten Sie darauf, die Umsatzsteuer auszuweisen, können allerdings auch keine Umsatzsteuer vom Finanzamt zurückbekommen. Wann macht eine Gründung als Kleinunternehmen also Sinn?

- Das Gewerbe läuft nebenberuflich und Sie möchten steuerlichen Aufwand vermeiden.
- Das Gewerbe wird voraussichtlich im ersten Jahr nur geringe Umsätze einfahren und Sie planen doch keine größeren Investitionen, für die Sie sich die Umsatzsteuer vom Finanzamt zurückholen könnten.

Die Umsatzsteuer besteuert einfach gesagt Umsätze, die ein Unternehmen generiert. Vergleichen können Sie sie mit der Mehrwertsteuer. In der Regel werden Sie 19 % Umsatzsteuer auf jede erbrachte Dienstleistung ausweisen und auf Ihre Einkäufe auch selbst bezahlen müssen. Eine Ausnahme gilt für den Fall, dass es sich um ein Produkt oder eine Leistung mit 7 % Steuer handelt. Auf Dienstleistungen werden 7 % erhoben, wenn es sich um die Übertragung von Nutzungsrechten handelt. Designen Sie also beispielsweise eine Website und übertragen dann das Nutzungsrecht im Rahmen der Dienstleistung “Screendesign” an Ihren Kunden, dann wird diese Leistung mit 7 % besteuert. Auf Produkte des täglichen Bedarfs, beispielsweise auch Lebensmittel, wird ebenfalls nur 7 % erhoben.

Die Umsatzsteuer ist für sie als Unternehmer eine der interessantesten Möglichkeiten, mit Steuern zu spielen und sich vom Finanzamt etwas zurückzuholen. Wir haben nun schon mehrfach erwähnt, dass Investitionen sinnvoll sein können, um den Umsatz zu verringern und steuerliche Vorteile zu sichern. Doch wie genau funktioniert das? Das wollen wir anhand zweier Rechenbeispiele zeigen.

Beispiel 1:

Sie haben vor einigen Tagen Ihr Gewerbe angemeldet, haben vom Finanzamt schon Ihre Steuernummer bekommen und möchten nun beginnen, Ihre ersten Aufträge anzugehen. Bevor Sie das machen können, müssen Sie sich jedoch einen neuen Laptop anschaffen, da Sie anders gar nicht dazu in der Lage sind, zu arbeiten. Dieser neue Laptop kostet 3000 € netto. Somit zahlen Sie 3570 € brutto, also 570 € Umsatzsteuer. Da Sie diesen Laptop aber nicht als Endverbraucher, sondern als Unternehmer bezahlt haben, können Sie sich die gezahlte Umsatzsteuer vom Finanzamt zurückholen. In Ihrer ersten Umsatzsteuervoranmeldung geben Sie an, dass Sie 570 € Umsatzsteuer bezahlt, aber selbst noch keine Rechnung geschrieben und somit auch keine Umsatzsteuer eingenommen haben. Diese gezahlten 570 € werden direkt vom Finanzamt zurückerstattet.

Beispiel 2:

Sie haben sich zur Gründung den Laptop angeschafft. Gleichzeitig haben Sie aber auch schon Rechnungen in Höhe von 5000 € ausgestellt.

Insgesamt haben Ihre Kunden also inklusive der Umsatzsteuer 5950 € an Sie überwiesen, wovon 950 € Umsatzsteuer waren.

Diese Umsatzsteuer müssen Sie natürlich an das Finanzamt abführen.

Allerdings haben Sie ja durch den Kauf des Laptops schon 570 € Umsatzsteuer gezahlt.

Wir rechnen also wie folgt:

- 950 € Umsatzsteuer zu zahlen durch Rechnungen
- 570 € gezahlte Umsatzsteuer durch den Kauf des Laptops
- 380 € Umsatzsteuer noch zu zahlen

Wie viel Umsatzsteuer Sie zu zahlen haben, geben Sie dem Finanzamt im Rahmen der Umsatzsteuervoranmeldung an. Diese Voranmeldung machen Sie entweder monatlich, vierteljährlich oder jährlich, wobei die meisten Unternehmen sie monatlich und vierteljährlich machen müssen. Das hat auch Vorteile für Sie, da Sie nicht darauf achten müssen, die Umsatzsteuer ein Jahr zurückzuhalten. Erstattungen können Sie so außerdem zügiger bekommen.

Weiterhin wichtig ist, ob Sie sich für eine Soll- oder Ist-Versteuerung entschieden haben. Die Umsatzsteuer wird zunächst im Rahmen der Soll-Versteuerung abgeführt. Das bedeutet, dass die Umsatzsteuer fällig wird, sobald Sie eine Rechnung erstellt haben. Es ist unabhängig davon, ob diese schon bezahlt wurde. Das heißt allerdings auch, dass Sie die Umsatzsteuer abführen müssen, auch wenn Ihr Kunde säumig ist. Deswegen sollten Sie eine Ist-Versteuerung beantragen. Hier bezahlen Sie nur Umsatzsteuer für tatsächlich bezahlte Rechnungen. Fällig wird sie erst dann, wenn der Rechnungsbetrag bei Ihnen eingegangen ist. Die Ist-Versteuerung müssen Sie gesondert beim Finanzamt beantragen. Das Finanzamt wird Ihnen auch mitteilen, in welchem Turnus Sie Ihre Umsatzsteuervoranmeldung abgeben müssen. Wenn Ihnen der Turnus nicht recht ist, können Sie sich an das Finanzamt wenden und darum bitten, ihn zu ändern. Gerade für Gründer in den ersten Jahren ist eine monatliche oder vierteljährliche Umsatzsteuervoranmeldung empfehlenswert. Das sind typische Aufgaben für den Steuerberater, der Sie auch dahingehend beraten kann, wie Sie am besten mit der Umsatzsteuer verfahren und wann Investitionen hinsichtlich dieser Steuer am sinnvollsten sind.

Gewerbesteuer

Eine weitere wichtige Steuer, die Sie aber nicht sofort zahlen müssen, ist die Gewerbesteuer. Gewerbesteuerpflichtig sind grundsätzlich alle Gewerbebetriebe, was bedeutet, dass Freiberufler davon ausgenommen sind. Die Gewerbesteuer wird dann fällig, wenn der Jahresgewinn des Unternehmens 24500 € übersteigt. Sie ist ein weiteres Beispiel dafür, warum es sehr wichtig ist, zwischen Umsatz und Gewinn zu unterscheiden. Um die Gewerbesteuer zu umgehen, können Sie beispielsweise Investitionen tätigen, die den Umsatz und somit auch den Gewinn des Unternehmens drücken.

Sollten Sie die Pflicht zur Gewerbesteuer nicht umgehen können, dann zeigt sich jetzt, wie entscheidend es ist, an welchem Standort Sie Ihr Unternehmen gegründet haben. Denn die Höhe der Gewerbesteuer richtet sich nach den Hebesätzen der Gemeinde. In ländlichen, abgelegenen Gebieten zahlen Sie oft wesentlich weniger Gewerbesteuer als in einer größeren Stadt. Aus diesem Grund verlegen auch viele große Betriebe ihre Produktionsstätten in ländliche Gebiete, da sie von der verringerten Gewerbesteuer aufgrund niedrigerer Hebesätze extrem profitieren.

Die Gewerbesteuer wird auf Gewinne erhoben, die über den Freibetrag von 24500 € hinausgehen. Es handelt sich um eine Gemeindesteuer, da die Hebesätze von der Gemeinde bestimmt werden, in denen sich der Gewerbebetrieb befindet.

Zur Berechnung des Gewerbesteuermessbetrags wird der Gewinn herangezogen, der nach Abzug des Freibetrags noch übrig bleibt. 3,5 % hiervon sind der sogenannte Gewerbesteuermessbetrag. Das ist aber noch nicht die Gewerbesteuer selbst. Denn jetzt kommt der Hebesatz der Gemeinde ins Spiel. Dieser Hebesatz beträgt mindestens 200 %, ist aber in Städten oft noch wesentlich teurer. Der Gewerbesteuermessbetrag wird mit dem Hebesatz der Gemeinde multipliziert und herauskommt die vom Betrieb zu zahlende Gewerbesteuer.

Ein Rechenbeispiel:

- 50000 € Gewinn – 24500 € Freibetrag = 25.500 € zu versteuernder Gewinn
- 25500 € * 0,035 = 892,50 € Gewerbesteuermessbetrag
- 892,50 € * 4 bei Hebesatz von 400% der Gemeinde = 3570 € Gewerbesteuer
- 892,50 € * 2,5 bei Hebesatz von 250% der Gemeinde = 2231,25 € Gewerbesteuer

Dieses Beispiel zeigt eindrücklich, warum der Standort so entscheidend ist, wenn Ihr Unternehmen Gefahr läuft, die Gewerbesteuer zahlen zu müssen. Bereits eine Gewerbeanmeldung an Ihrem Wohnort, wenn Sie beispielsweise ländlich wohnen, aber in einem Mietbüro in der Stadt arbeiten, kann Ihnen erheblich Steuern sparen.

Die Höhe der Gewerbesteuer mag anhand dieser Rechenbeispiele unheimlich hoch wirken. Allerdings sollten Sie dabei berücksichtigen, dass hier der Gewinn herangezogen wird und es zudem noch einen recht hohen Freibetrag gibt, der berücksichtigt wird. Den Gewinn können Sie effektiv minimieren, indem Sie Ihren Umsatz einsetzen, um Anschaffungen zu tätigen, die Sie natürlich auch privat nutzen können. Somit ist es also durchaus möglich, die Gewerbesteuer für lange Zeit zu umgehen und trotzdem so viel zu verdienen, dass Sie damit zufrieden leben können.

Einkommensteuer

Als Selbstständiger zahlen Sie keine Lohnsteuer mehr, sondern die Einkommensteuer. Sie ist in der Berechnung etwas komplexer als die Lohnsteuer und unterscheidet sich dadurch, dass nicht mehr Ihr Arbeitgeber diese abführt, sondern Sie selbst im Rahmen einer Steuererklärung. Da Sie nun einkommensteuerpflichtig sind, bedeutet das für Sie, dass Sie gleichzeitig auch steuerpflichtig sind. Andernfalls hat das Finanzamt gar keine Möglichkeit, zu berechnen, wie viel Einkommensteuer Sie zahlen müssen.

Eine Besonderheit gegenüber der Lohnsteuer ist, dass Sie die Einkommensteuer jährlich zahlen und folglich Rücklagen bilden müssen, um sie zahlen zu können.

Einkommensteuer wird auf den Gewinn erhoben, der nach Abzug von Steuern und laufenden Kosten übrig bleibt. Das Finanzamt geht hier davon aus, dass der Gewinn mit Ihrem Einkommen gleichzusetzen ist, Sie ihn also komplett aus dem Unternehmen abziehen und für Sie selbst verwenden. Grundlage für die Einkommensteuer ist das Einkommensteuergesetz, in welchem geregelt ist, was Sie absetzen können, welche Steuersätze abhängig von der Höhe des Einkommens gelten und was Sie überhaupt in der Steuererklärung angeben müssen. Je nachdem, wie Ihre persönliche Situation ist, müssen Sie unter Umständen sowieso schon eine Einkommensteuererklärung machen. Das ist beispielsweise dann der Fall, wenn Sie Einkünfte aus Immobilien beziehen oder Dividenden erhalten. In dem Fall, dass Sie sowieso schon eine Einkommensteuererklärung abgeben, geben Sie nun noch zusätzlich Ihre Einnahmen aus der selbstständigen Tätigkeit an. Grundlage dafür ist Ihre Gewinn-und-Verlustrechnung. Viele Selbstständige engagieren für die Erstellung ihrer Einkommensteuererklärung gerne einen Steuerberater, um hier möglichst viele Steuern zu sparen. Das Thema ist komplex und es kann sinnvoll sein, den Fachmann zu engagieren, wenn Sie sich selbst damit nicht auskennen.

Wenden Sie sich frühzeitig an den Steuerberater, wenn Sie über ihn die Einkommensteuererklärung anfertigen lassen möchten, da er Sie dann am Anfang des Jahres schon darüber aufklären kann, welche Belege Sie aufheben müssen und wie Sie Ausgaben nutzen können, um die Steuerlast zu senken. Er kann Sie ebenfalls darüber aufklären, mit welcher Höhe der Einkommensteuer Sie rechnen müssen. Diese Rücklagen sollten Sie schon am Anfang eines Jahres bilden. Möchten Sie Ihre Einkommensteuer selbst regeln, dann gibt es im Internet Steuerrechner, die Ihnen anhand Ihrer geplanten Gewinne aufzeigen können, in welcher Höhe Sie die Einkommensteuer entrichten müssen. Legen Sie diesen Betrag unbedingt zur Seite, um böse Überraschungen beim Steuerbescheid zu vermeiden.

Liegt Ihr Einkommen unter 9744 €, dann ist dieses Einkommen steuerfrei. Gerade im ersten Gründungsjahr ist das gut zu wissen - oder aber, wenn Sie sich zunächst nur nebenberuflich selbstständig betätigen möchten. Eine Steuererklärung müssen Sie zwar auch dann erstellen, um nachzuweisen, dass Ihre Einnahmen diesen Betrag nicht überschritten haben. Es wird jedoch keine Einkommensteuer fällig, wenn Sie unterhalb dieses Betrages bleiben. Ab dieser Einkommensgrenze steigt der Steuersatz nach und nach an, er beginnt bei 14 % und endet bei 42 %.

Weitere Steuerarten

Umsatzsteuer, Gewerbesteuer und Einkommensteuer sind für Selbstständige die wichtigsten drei Steuern, die vermutlich jeder irgendwann in seinem geschäftlichen Leben zahlen müssen wird. Je größer Ihr Unternehmen, desto komplexer sind auch steuerrechtliche Angelegenheiten und es macht Sinn, einen Fachmann zu engagieren, der diese Thematik für Sie übernimmt. Schließlich steigt damit auch der Arbeitsaufwand und als Geschäftsführer eines größeren Unternehmens haben Sie nicht mehr die Zeit und womöglich auch nicht das steuerliche Fachwissen, sich darum zu kümmern. Weitere Steuern werden in der Regel nicht auf Sie zukommen, sofern Sie sich nicht vergrößern.

Wandeln Sie Ihr Unternehmen jedoch in eine Kapitalgesellschaft um, dann zahlen Sie die Körperschaftsteuer. Die Körperschaftsteuer gilt nur für Kapitalgesellschaften und nicht für Freiberufler oder für natürliche Personen.

6.3 Buchhaltung: Was kommt auf mich zu?

Die Grundlage für alle steuerlichen Verpflichtungen und Zahlungen ist eine solide Buchhaltung. Doch was genau ist eigentlich Buchhaltung und welcher Arbeitsaufwand kommt auf Sie zu?

Buchhaltung verbinden wir mit einem alten, untersetzten Mann mit Brille, der irgendwo im Keller des Unternehmens langweilige Akten wälzt und eine Sprache spricht, die außer ihm niemand versteht. Heutzutage gibt es zwar noch selbstständige Buchhalter, allerdings können Sie die Buchhaltung auch mit einer Rechnungs- und Buchhaltungssoftware selbst erledigen. Buchhaltung hat das Ziel, fürs Finanzamt nachvollziehbar darzulegen, welche Cashflows Ihr Unternehmen im zugrunde liegenden Jahr hatte. Anhand dessen kann eine vollständige Gewinn-und-Verlust-Rechnung erstellt werden, die aufzeigt, welcher Gewinn als Einkommensteuer noch versteuert werden muss und ob Sie die Gewerbesteuer zahlen müssen. Bei der Buchhaltung ordnen Sie Einkünfte und Ausgaben bestimmten Kostenstellen zu, damit für das Finanzamt nachvollziehbar ist, um welche Art von Einnahmen und Ausgaben es sich dabei handelt. Die Buchhaltung ist nicht nur für das Finanzamt gedacht, sondern auch als unternehmerische Übersicht für Sie, welche Kostenstellen sich für Sie besonders lukrativ erwiesen haben und wo Sie vielleicht zu viel Geld ausgeben.

Dank moderner Software müssen Sie heute kein Profi in Tabellenkalkulation mehr werden, um Ihre Buchhaltung ordnungsgemäß durchzuführen. Dennoch ist es sinnvoll, vor der Gründung einen Kurs in Buchhaltung zu belegen oder sich ein gutes Fachbuch für Gründer zu kaufen, damit Sie verstehen, wie eine ordnungsgemäße Buchführung aussieht und wie Sie im Alltag Ihre Buchführung bewältigen. Die Buchführung ist einer der besten Wege, mithilfe von kleinen und alltäglichen Ausgaben den Umsatz des Unternehmens gering zu halten. Wenn Sie beispielsweise im Fachhandel für Bürobedarf, Stifte oder Büromaterial kaufen, dann können Sie diesen Betrag als Unternehmen zahlen, wenn Sie den Beleg aufheben und in Ihre Buchhaltung einfließen lassen. Dasselbe gilt für den sehr gerne genutzten Fall, dass Sie sich mit einem Geschäftspartner oder Kunden auf ein Businesslunch treffen. Laden Sie Ihren Kunden ein und nehmen den Beleg als Bewirtungsbeleg mit, denn auch das können Sie vom Umsatz Ihres Unternehmens abziehen.

6.4 Brauche ich einen Buchhalter oder Steuerberater?

Früher war es für die meisten Unternehmen üblich, einen Buchhalter ausschließlich für diesen Job einzustellen. Heutzutage erledigen die meisten Selbstständigen zumindest ihre Buchhaltung selbst. Die Software, die Sie zur Rechnungsstellung nutzen, kann für Sie gleichzeitig auch die Buchhaltung übernehmen. Es gibt mehrere sehr gute Softwarelösungen, die sogar so weit entwickelt sind, dass sie beispielsweise Ihre Umsatzsteuervoranmeldung automatisch tätigen oder Ihnen eine Gewinn-und-Verlust-Rechnung für die Einkommensteuer automatisch generieren. Eine solche Software kostet Sie wesentlich weniger als ein Buchhalter und nimmt Ihnen sehr viel Arbeit ab.

Ein Dienstleister, der hingegen noch sehr sinnvoll ist, ist der Steuerberater. Bei Steuern können Fehler unterlaufen, die Sie teuer zu stehen kommen. Wenn Sie sich mit Steuern nicht auskennen und Sie sich das Thema auch nicht zutrauen, sollten Sie einen Steuerberater engagieren. Wofür genau Sie ihn engagieren, ist Ihnen überlassen. Viele Selbstständige machen zwar die Umsatzsteuervoranmeldungen über ihre Software selbst, nutzen den Steuerberater aber für die komplexe Einkommensteuer, auch um sich die Arbeitszeit zu sparen. Bedenken Sie bei der Wahl des Steuerberaters, dass Sie seine Kosten auch wieder vom Umsatz des Unternehmens abziehen können, wenn er sich beispielsweise um Umsatz- und Gewerbesteuern kümmert oder bei größeren Unternehmen die Bilanz erstellt. Erstellt er Ihre Einkommensteuer, dann können Sie diese Beträge wiederum davon steuerlich absetzen. Zudem können Steuerberater Sie darüber aufklären, wie Sie Steuern einsparen können, was Sie als Unternehmer auf jeden Fall nutzen sollten. Ein Steuerberater als Partner an Ihrer Seite kann Ihnen zudem auch Fragen rund um steuerliche Einzelfälle beantworten, die im laufenden Betrieb häufig auftreten.

Die Gewerbeanmeldung

Ein einfacher und schnell getätigter, aber sehr wichtiger Schritt ist die Gewerbeanmeldung. Sobald diese bei der zuständigen Gemeinde ausgefüllt wurde, wird ein Anmeldungsbetrag fällig und das Gewerbe kann betrieben werden. Der Zeitpunkt einer Gewerbeanmeldung ist genauso wichtig wie etwaige Besonderheiten, beispielsweise bei Kapitalgesellschaften oder genehmigungspflichtigen Berufen.

So ist es beispielsweise möglich, die ersten Arbeiten als Selbstständiger bereits vor der Gewerbeanmeldung zu erledigen. Sie können Kunden akquirieren und mit der Arbeit beginnen, aber eine Rechnung erstellen können Sie ohne die Gewerbeanmeldung natürlich noch nicht. So manches Gewerbe ist aus der Situation heraus entstanden, dass sich die Gelegenheit für einen Auftrag ergeben hat und dieser wurde zeitnah erledigt, das Gewerbe wurde aber erst angemeldet, sobald dies für die Stellung eine Rechnung erforderlich war. Das ist ein legitimes Vorgehen und kann sinnvoll sein, wenn es beispielsweise darum geht, einen Auftrag schnell in produktive Bahnen zu lenken. Genauso sinnvoll kann es aber auch sein, das Gewerbe schon vor dem ersten Auftrag anzumelden, etwa wenn Anschaffungen zu tätigen sind. Denn diese können vor den ersten Einnahmen schon steuerlich geltend gemacht werden und das sollten sie auch. Wenn Sie beispielsweise für die Ausübung Ihrer gewerblichen Tätigkeit einen neuen Laptop anschaffen müssen, dann würden Sie diesen ohne eine Gewerbeanmeldung als Privatperson kaufen und darauf die Mehrwertsteuer zahlen. Mit der Gewerbeanmeldung aber können Sie ihn als Unternehmen kaufen und sich die Umsatzsteuer zurückholen.

7.1 Wie läuft eine Gewerbeanmeldung ab?

Die tatsächliche Anmeldung eines Gewerbes ist ein Verwaltungsakt, der in wenigen Minuten erledigt ist. Manche Gemeinden bieten diesen sogar inzwischen online an. Es kommt jedoch darauf an, welche Art von Gewerbe Sie anmelden möchten, ob es sich dabei um ein Einzelunternehmen oder um eine Kapitalgesellschaft handelt und ob der Beruf, den Sie ausüben wollen, Genehmigungspflichten unterliegt.

Unter der Voraussetzung, dass Sie alle eventuell erforderlichen Unterlagen zur Hand haben, besteht die Gewerbeanmeldung darin, einen Termin bei der zuständigen Gemeinde zu vereinbaren, in der sie das Gewerbe auch betreiben wollen. Als Einzelunternehmer werden Sie wahrscheinlich zunächst an Ihrem Wohnort das Gewerbe anmelden. Eine Ausnahme kann darin bestehen, wenn Sie ein gemietetes Büro haben und das Gewerbe von dort aus ausüben. Dann melden Sie das Gewerbe an diesem Standort an. Schauen Sie auch unbedingt vorher online nach, ob Sie das erforderliche Formular einfach online an die zuständige Gemeinde schicken können.

Im Formular für die Gewerbeanmeldung geben Sie an, welcher Tätigkeit Sie nachgehen, wo das Unternehmen sitzt und welche Rechtsform Sie anmelden möchten. Dafür wird eine Verwaltungsgebühr fällig, die Sie bei einem Termin vor Ort direkt entrichten oder bei einer Anmeldung online auf dem von der Gemeinde genannten Weg bezahlen. Meist handelt es sich dabei um eine Überweisung.

Sie erhalten direkt nach der Gewerbeanmeldung vor Ort eine Bescheinigung von der Gemeinde und je nach Gemeinde einen steuerlichen Erfassungsbogen fürs Finanzamt, den Sie ausfüllen und an das zuständige Finanzamt zurückschicken. Viele Finanzämter handhaben diesen Schritt auch so, dass sie die Inhaber neu angemeldeter Gewerbe postalisch anschreiben und das gar nicht über das Gewerbeamt regeln. Wenn Sie also keinen Erfassungsbogen erhalten, dann brauchen Sie sich auch keine Gedanken darum zu machen, da Sie diesen per Post bekommen werden.

Handelt es sich bei Ihrem Gewerbe um ein genehmigungspflichtiges Tätigkeitsfeld, dann kann die Gewerbeanmeldung nur vollzogen werden, wenn Sie alle dafür erforderlichen Unterlagen mitbringen. Denken Sie also unbedingt daran, sich vor dem Termin beim Gewerbeamt der zuständigen Gemeinde darüber zu informieren, welche Genehmigungen Sie mitbringen müssen.

7.2 Die Gewerbeanmeldung als Einzelunternehmen

Als Einzelunternehmen ist die Gewerbeanmeldung ein kurzer Verwaltungsakt. Die meisten Gemeinden bieten online eine Terminvergabe an. Sofern Sie keine genehmigungspflichtigen Tätigkeiten ausüben, erscheinen Sie zum vereinbarten Termin mit Ihrem amtlichen Ausweisdokument (z. B. Personalausweis) und füllen vor Ort das Formular aus. Sie sollten dabei allerdings beachten, dass die Behörden keine fachliche Unterstützung beim Ausfüllen anbieten. Sie können Ihnen zwar erklären, was mit den jeweiligen Feldern des Formulars gemeint ist, können Ihnen aber keine Rechtsberatung anbieten. Deswegen sollten Sie sich im Internet vorher das Gewerbeanmeldungsformular ansehen, damit Sie wissen, welche Angaben Sie machen müssen. Es ist natürlich auch möglich, das Formular auf der Seite Ihrer Gemeinde herunterzuladen, es vorab zu Hause auszufüllen, auszudrucken und bereits fertig mitzubringen. Wenn Sie das Formular bereits ausgefüllt zur Gewerbeanmeldung dabei haben, dauert der Termin nur wenige Minuten und Sie müssen nur noch die Anmeldungsgebühr entrichten.

Weitere Nachweise benötigen Sie nicht, wenn Ihr Gewerbe nicht genehmigungspflichtig ist.

7.3 Die Gewerbeanmeldung einer Kapitalgesellschaft

Auch für eine Kapitalgesellschaft ist eine Gewerbeanmeldung erforderlich. Für die meisten Gründe werden die Rechtsformen der UG und der GmbH hier relevant sein. Beide sind sich im Vorgehen der Gewerbeanmeldung sehr ähnlich.

Vor einer Gewerbeanmeldung müssen Sie folgende Schritte erledigt haben, andernfalls können Sie die Anmeldung bei der zuständigen Gemeinde nicht vollziehen:

- Erstellen des Gesellschaftsvertrags (das ist auch mit einer einfachen Mustervorlage möglich)
- Notarielle Beurkundung der Gründungsunterlagen
- Anmeldung und Eintrag ins Handelsregister
- Anmeldung beim Finanzamt

Im Gesellschaftsvertrag wird geregelt, wer die Gesellschafter und Geschäftsführer sind, wie die Anteile aufgeteilt sind und welches Stammkapital die Gesellschaft hat. Auch das Stimmrecht, das Geschäftsjahr sowie Rechte und Pflichten der Gesellschafter und Geschäftsführer sind in diesem Vertrag geregelt. Beim Notartermin zur Beurkundung prüft der Notar, ob die Voraussetzungen der Gesellschafter und Geschäftsführer rechtlich stimmig sind. Beispielsweise könnte eine minderjährige Person ohne die Zustimmung eines Erziehungsberechtigten kein Unternehmen gründen und ein Notar würde auch keine Beurkundung eines Gesellschaftsvertrags erstellen, wenn festgestellt wird, dass diese Zustimmung nicht vorliegt. Der Geschäftsführer darf beispielsweise nicht vorbestraft oder wegen einer Insolvenz verurteilt sein. Auch in diesem Fall könnte keine notarielle Beurkundung stattfinden.

Sind diese Schritte erledigt, muss das Gewerbe beim Handelsregister angemeldet und eingetragen sein. Ihr Notar schickt hierfür die erforderlichen Unterlagen an das Registergericht. Ab jetzt müssen Sie vorsichtig sein. Sobald der Handelsregistereintrag vollzogen ist, könnten Sie gefälschte Post bekommen, die Sie zur Zahlung eines drei- bis vierstelligen Betrages zur Vervollständigung des Eintrags auffordert. Diese Schreiben sind Fälschungen, sind aber leider so täuschend echt, dass schon viele Gewerbetreibende auf sie hereingefallen sind und die Beträge entrichtet haben. Auch die Anmeldung beim Finanzamt muss in diesem Fall schon vor der Gewerbeanmeldung erledigt sein.

Da Sie das Stammkapital für das Gewerbe hinterlegen müssen, müssen Sie vor der Gewerbeanmeldung auch schon ein Geschäftskonto eröffnen. Informieren Sie sich also zeitnah über den richtigen Anbieter.

Haben Sie alle Unterlagen für die Gewerbeanmeldung nun gesammelt, vereinbaren Sie wie bei einem Einzelunternehmen einen Termin beim Gewerbeamt Ihrer zuständigen Gemeinde. Die Gewerbeanmeldung muss vom Geschäftsführer der UG oder GmbH getätigt werden. Bei einem Termin sind alle Unterlagen mitzubringen, die Anmeldung funktioniert aber je nach Gemeinde auch postalisch oder online. In diesem Fall sind die erforderlichen Unterlagen einzuschicken - denken Sie dabei auch unbedingt an eventuelle Genehmigungspflichten. Sie erhalten dann wie bei der Anmeldung eines Einzelunternehmens den Gewerbeschein, wenn die Unterlagen geprüft wurden und alles vollständig vorhanden ist.

Auch nach der Gewerbeanmeldung gibt es bei einer Kapitalgesellschaft einige Aufgaben, die sich von denen einer Personengesellschaft unterscheiden. Als Einzelunternehmer können Sie sofort loslegen, doch wenn Sie eine Kapitalgesellschaft angemeldet haben, müssen Sie noch einige Schritte erledigen. Diese sind:

- Anmeldung bei der IHK oder HWK
- Anmeldung bei der Berufsgenossenschaft für die gesetzliche Unfallversicherung
- Beantragung einer Betriebsnummer bei der Bundesagentur für Arbeit, wenn sie Personen einstellen wollen

Sie können aber bereits mit den ersten Aufträgen loslegen, wenn Sie die Gewerbeanmeldung für Ihre UG oder GmbH verzogen haben.

7.4 Gewerbeanmeldung bei genehmigungspflichtigen Berufen

Eine Ausnahme stellt in jedem Fall die Anmeldung eines genehmigungspflichtigen Berufes dar. Zu diesen Berufen gehören beispielsweise Immobilienmakler, die eine Sondergenehmigung brauchen, oder auch viele Ausbildungsberufe, für deren selbstständige Ausübung Sie beispielsweise den Meistertitel vorweisen müssen. Möchten Sie ein entsprechendes Gewerbe gründen, dann wird Ihnen die Gewerbeanmeldung verwehrt, solange Sie nicht die erforderlichen Nachweise bringen können.

Im Zweifelsfall rufen Sie am besten vor dem Termin zur Gewerbeanmeldung bei der Gemeinde an und fragen nach, welche Unterlagen erforderlich sind. Das ist von Beruf zu Beruf verschieden. Bei geschützten Berufsbezeichnungen genügt meist ein Nachweis Ihrer fachlichen Ausbildung, etwa der Meisterbrief. Insbesondere bei Tätigkeiten, bei denen Sie mit schutzbedürftigen Personen oder mit Geld zu tun haben, kann ein Führungszeugnis oder ein erweitertes Führungszeugnis notwendig werden. Berufe im Gesundheitswesen oder in der Gastronomie erfordern häufig ein Gesundheitszeugnis, welches Sie zwar schnell ablegen können, aber unbedingt zur Gewerbeanmeldung mitbringen müssen. Berücksichtigen Sie bei der Gewerbeanmeldung und der zeitlichen Planung unbedingt, wie lange Sie brauchen werden, um diese Unterlagen und Nachweise zu beschaffen. Liegen Ihnen beispielsweise Nachweise Ihrer Ausbildung bereits vor, dann ist das natürlich kein Problem. Müssen Sie aber etwa zur Ausübung eines Maklerbüros noch eine Genehmigung zur Ausübung dieses Gewerbes mitbringen, müssen Sie damit rechnen, dass das einige Zeit in Anspruch nehmen kann - und es muss natürlich vor der Gründung Ihres Gewerbes erledigt werden, damit die Gewerbeanmeldung schnell und reibungslos über die Bühne gehen kann.

7.5 Taktisch vorgehen bei der Gewerbeanmeldung

Der Zeitpunkt einer Gewerbeanmeldung kann ein wichtiger Faktor für Sie sein. Es kann gute Gründe geben, das Gewerbe so früh wie möglich anzumelden, auch wenn Sie noch gar keine zahlenden Kunden haben. Genauso kann es Gründe geben, das Gewerbe erst später anzumelden, bevor Sie die erste Rechnung ausstellen müssen.

Ab dem Zeitpunkt der Gewerbeanmeldung haben Sie zwar Rechte, aber genauso auch Pflichten. Diese Pflichten sind es, weshalb es sinnvoll sein kann, den Zeitpunkt der Gewerbeanmeldung etwas nach hinten zu verschieben. Wenn Sie beispielsweise deswegen eine Selbstständigkeit anstreben, weil sich die Gelegenheit dafür bietet und Sie schnell mit der Arbeit loslegen wollen, dann haben Sie zunächst sicherlich alle Hände voll zu tun mit der Planung und Ausübung des Projekts. Handelt es sich dabei um ein genehmigungspflichtiges Gewerbe, dann können Sie leider nicht auf diesen Weg zurückgreifen, da Sie für die Ausübung des Berufs schließlich die Genehmigung im Rahmen der Gewerbeanmeldung benötigen. Benötigen Sie jedoch nichts als eine Gewerbeanmeldung dafür, dann kann es sinnvoll sein, zunächst den Auftrag abzuwickeln und dann in einem ruhigeren Abschnitt des Projekts die Gewerbeanmeldung vorzunehmen. So wäre Ihr Gewerbe angemeldet, sobald Sie diesen Auftrag abrechnen können. Sie müssten den Auftrag nicht ablehnen, weil Sie es zeitlich nicht schaffen, den Auftrag zu bearbeiten und auch gleichzeitig schon die Gewerbeanmeldung zu erledigen. Wichtig in diesem Fall ist es, dass Sie Ihr Unternehmen dann mit dem Zusatz "i.G." (in Gründung) kennzeichnen, damit klar ersichtlich ist, welchen Status es aktuell hat. Es ist außerdem ab diesem Zeitpunkt auch nicht mehr möglich, sich doch noch gegen eine Gründung zu entscheiden, da Sie den Auftrag abrechnen müssen und dies auf keinem anderen Weg als im Rahmen eines angemeldeten Gewerbes tun könnten.

Viel häufiger macht es jedoch Sinn, das Gewerbe schon dann anzumelden, bevor die ersten Kunden sich ankündigen. Einerseits hat das zeitliche Gründe. Auf diese Weise können Sie entspannt der Gewerbeanmeldung nachgehen, ohne mehrere Bälle durch schon laufende Aufträge in der Luft zu haben. Das ist besonders dann zutreffend, wenn Sie sich noch um Genehmigungen oder Themen wie ein Gesundheitszeugnis oder ein Führungszeugnis kümmern müssen. Der Hauptgrund für dieses Vorgehen ist jedoch, dass Sie wahrscheinlich Anschaffungen für die Ausübung ihres Berufes tätigen müssen. Ein Friseur beispielsweise könnte gar keine Kunden annehmen und somit auch gar keinen Gewerbebetrieb führen, ohne seinen Salon vor dem ersten zahlenden Kunden einzurichten - und somit natürlich auch viel ins noch gar nicht gegründete Gewerbe zu investieren. Die Ausgaben für die Einrichtung eines Salons und eventuell notwendige Dienstleistungen sind aber gewerbliche und keine privaten Ausgaben. Sie können somit steuerlich abgesetzt werden und mindern erheblich den Unternehmensgewinn im kritischen ersten Jahr. Kein Friseur würde die Einrichtung seines Salons als Privatperson abwickeln. Um also die gezahlte Umsatzsteuer auf Waren und Dienstleistungen in der Gründungsphase wieder zurückzubekommen und diese Investitionen zu nutzen, um den Gewinn des Unternehmens zu minimieren, müssen Sie das Gewerbe zu dem Zeitpunkt anmelden, zu dem Ihnen die ersten gewerblichen Kosten entstehen. Beispiele für gewerbliche Aufgaben, die Sie unbedingt nutzen müssen, sind:

- Programmierung einer Website
- Design von Flyern, Visitenkarten, Broschüren und sonstigen Werbematerialien
- Handwerkliche Dienstleistungen für Ihre Betriebsstätte
- Büro-Einrichtung

- Hard- und Software für die Ausübung Ihrer gewerblichen Tätigkeit
- Fort- und Weiterbildungen
- Beratung durch Rechtsanwälte und Steuerberater
- kostenpflichtige Gründungsberatung und Coachings

Planen Sie aus diesem Grund die Gewerbeanmeldung zeitlich in die Gründung ein. Der Zeitpunkt der Anmeldung ist entscheidend. Wenn Sie noch Genehmigungen oder zusätzliche Unterlagen für die Gründung benötigen, müssen Sie damit rechnen, dass die Beschaffung unter Umständen ebenfalls Zeit braucht. Nutzen Sie unbedingt die Möglichkeit, Ausgaben für die Ausübung ihrer Selbstständigkeit steuerlich geltend zu machen.

Versicherungen

Natürlich sind Sie darauf bedacht, Ihre Arbeit so sorgfältig und gewissenhaft wie möglich auszuführen. Schließlich stehen Sie mit Ihrem Namen für Ihr Gewerbe und wollen bei Ihren Kunden nicht nur einen guten Eindruck hinterlassen, sondern sich auch selbst mit der Ausübung Ihres Berufes nicht schaden. Dennoch lassen sich Zwischenfälle nie vollständig vermeiden. Unfälle, rechtliche Probleme, daraus resultierende Ansprüche Ihrer Kunden gegen Sie - das alles lässt sich zwar durch Sachkunde und Sicherheitsbewusstsein größtenteils vermeiden. Doch wenn es passiert, brauchen Sie eine Versicherung an Ihrer Seite, die Ihr Gewerbe und nicht zuletzt auch Sie vor den Konsequenzen schützt.

Im privaten Bereich sind einige wichtige Versicherungen gesetzlich vorgeschrieben. Dazu gehört beispielsweise die Pflicht zur Krankenversicherung, die gerade auch für Selbstständige ein wichtiges Thema darstellt. Wer ein Auto unterhalten möchte, muss dieses ebenfalls versichern, da selbst kleine Unfälle so hohe Kosten verursachen, dass eine Privatperson sie unmöglich aus dem Privatvermögen decken kann. Mit diesen Pflichtversicherungen möchte der Gesetzgeber jede Privatperson vor dem Leichtsinn schützen, keine Versicherung abgeschlossen zu haben und dann in einer schwierigen Situation zu stecken.

Als Gewerbetreibender obliegt Ihnen die Verantwortung für Ihre Versicherungen jedoch größtenteils selbst. Nicht alle Versicherungen sind sinnvoll - zudem kommt es auch auf den genauen Inhalt und Gegenstand Ihres Berufes an, welche Versicherungen Sie brauchen. Im Rahmen der

Gründung sollten Sie sich frühzeitig Gedanken über die möglichen Versicherungen und deren Bedeutung für Ihr Gewerbe machen.

Die wichtigsten und teils auch vorgeschriebenen Versicherungen stellen wir Ihnen hier vor. Je nachdem, welches Gewerbe Sie ausüben, sollten Sie es aber nicht auf dieser Liste beruhen lassen. Betreiben Sie auch eine eigene Recherche, welche Versicherungen es konkret für Ihren Beruf und Ihre Branche gibt und evaluieren Sie, ob diese für Ihren konkreten Fall von Bedeutung sind. Schließen Sie nicht beim nächstbesten Anbieter eine Versicherung ab, wenn Sie sich für eine bestimmte Form der Versicherung entschieden haben. Betreiben Sie einen Vergleich und achten Sie dabei nicht nur auf die Preise, sondern vor allem auch auf die Deckungssummen und sonstige Konditionen. Versicherungen wirken auf den ersten Blick oft gleich, unterscheiden sich aber in diesen wichtigen Punkten doch stark voneinander. Die günstigste Versicherung mag Ihnen als Gründer zwar zunächst attraktiv vorkommen, da Sie auf den ersten Blick damit Geld sparen. Wenn allerdings die Deckungssumme im Schadensfall so gering ist, dass die Versicherung sich für Sie gar nicht lohnt, dann haben Sie mit dem günstigen Beitrag leider nicht viel gewonnen. Manche Versicherungen bieten auch Leistungen über das übliche Maß hinaus an. Viele Rechtsschutzversicherungen etwa bieten einen günstigen Basis-Schutz, in den teureren Preisklassen gibt es aber Extras wie eine schnell verfügbare anwaltliche telefonische Erstberatung. Im Ernstfall werden sie um ein solches Extra sehr dankbar sein.

8.1 Betriebliche Haftpflicht

Eine betriebliche Haftpflichtversicherung ist bei den meisten Gewerbebetrieben nicht verpflichtend, doch es gibt Betriebe, die diese nachweisen müssen und andernfalls ihre Tätigkeit nicht ausüben dürfen. Architekten, Ingenieure, Ärzte oder Schausteller müssen eine

Haftpflichtversicherung nachweisen. In diesen Berufen können so hohe Schäden schon durch kleine Fehler entstehen, dass Gewerbetreibende diese auf keinen Fall aus dem Privatvermögen decken könnten und Ihren Gewerbebetrieb schon beim ersten Schadensfall aufgeben müssten. Mit der Pflicht zur Haftpflichtversicherung will der Gesetzgeber Gewerbetreibende vor Ansprüchen schützen, die sie sonst ohne eine Versicherung ruinieren könnten. Für alle anderen Gewerbebetriebe ist eine Haftpflichtversicherung zwar freiwillig, aber in den meisten Fällen absolut sinnvoll. Insbesondere größere Auftraggeber achten sogar von sich aus darauf, ob ihre Auftragnehmer eine Haftpflichtversicherung besitzen, um sich selbst im Ernstfall abgesichert zu wissen. Das Vorhandensein einer betrieblichen Haftpflichtversicherung können Sie damit sogar als Qualitätsmerkmal für sich nutzen und Auftraggeber damit davon überzeugen, dass ein Auftrag bei Ihnen gut und sicher vergeben ist.

Die betriebliche Haftpflicht hat mehrere Daseinsberechtigungen. Sie springt dann ein, wenn im Rahmen der Ausübung Ihres Gewerbes ein Fehler passiert, der bei Ihrem Auftraggeber Schaden verursacht hat. Der Auftraggeber fordert in diesem Fall von Ihnen Schadensersatz, Rückzahlungen oder stellt sonstige Forderungen, gegen die Sie sich zunächst behaupten müssen. Die Versicherung prüft zunächst, ob die Art und Höhe dieser Forderungen angemessen ist. Sie fungiert somit als Schutz für Sie als Gewerbetreibenden. Sind die Forderungen berechtigt, dann zahlt die Versicherung Ihren Auftraggeber diese aus und schützt Sie als Versicherungskunde davor, dies aus dem Vermögen des Gewerbes oder schlimmstenfalls aus Ihrem privaten Vermögen heraus tun zu müssen. Das Prinzip dieser Versicherung ist Ihnen schon im privaten Bereich begegnet: Denken Sie einmal an ihre Kfz-Haftpflichtversicherung.

Auf dem Markt gibt es unzählige Anbieter für die betriebliche Haftpflicht. Wichtig ist, einen Versicherungsgeber zu wählen, dessen Leistungen am besten zu ihrer Branche und den damit verbundenen Risiken passen. Ein

Handwerker wird im Rahmen einer betrieblichen Haftpflicht Schutz vor Schäden am Eigentum des Kunden brauchen, während eine Agentur für Grafikdesign sich eher vor rechtlichen Ansprüchen oder Schäden infolge von Missverständnissen absichern müssen wird. Im Ernstfall kann eine zum Betrieb passend gewählte betriebliche Haftpflicht besser und schneller reagieren, wenn Sie die Unterstützung der Versicherung brauchen sollten.

Ein weiteres Argument, das für eine betriebliche Haftpflicht spricht, ist Ihr eigenes Zeitmanagement. Die Abwicklung von Schadensfällen beim Kunden können Sie komplett der Haftpflichtversicherung überlassen, Sie selbst müssen sich nach Meldung des Schadensfalls nicht weiter darum kümmern. Eventuell zu hoch angesetzte oder gar unberechtigte Forderungen werden von der Versicherung abgewiesen. Stünden Sie nun ohne die Haftpflichtversicherung da, würde ein solcher Fall vermutlich auf das Einschalten eines Rechtsanwaltes hinauslaufen. Das ist nicht nur mit Zeit, sondern wiederum mit weiteren Kosten verbunden.

Haben Sie bereits eine private Haftpflichtversicherung? Diese reicht für betriebliche Belange leider nicht aus. Allerdings lohnt es sich, beim aktuellen Versicherungsgeber nachzufragen, ob es auch eine betriebliche Haftpflicht gibt. Wenn Sie bereits die private Haftpflicht bei der Versicherungsgesellschaft abgeschlossen haben, dann können Sie bei mehreren Versicherungen auf attraktive Rabatte hoffen oder Ihren bestehenden Vertrag auf den betrieblichen Bereich erweitern und dadurch wiederum Kosten für die Versicherung einsparen.

8.2 Berufsgenossenschaften

Als Unternehmer sind sie häufig auch automatisch Mitglied einer Berufsgenossenschaft. Die Zugehörigkeit zu einer Berufsgenossenschaft hängt davon ab, welchem Beruf Sie nachgehen. Für reglementierte Berufe gibt es jeweils eine eigene Genossenschaft. Der Sinn dieser Mitgliedschaft ist eine Absicherung Ihrer Angestellten und auch Ihrer eigenen Person gegen Schäden, die im Rahmen der Ausübung Ihres Berufes passieren können. Bestimmt wissen Sie noch aus Ihrer Zeit als Angestellter, dass ein Arbeitsunfall nicht von der Krankenkasse, sondern je nach genauem Unfallgeschehen von anderen Stellen übernommen wird und dass es relevant ist, ob sich ein Unfall im Rahmen der Arbeitszeit oder in Ihrer Freizeit ereignet hat. Steigen Sie beispielsweise im Büro auf eine Treppe und stürzen, dann gilt das als Arbeitsunfall und die Krankenkasse geht dafür in Vorleistung, holt sich jedoch das Geld von einer anderen Versicherung zurück oder verweist das behandelnde Krankenhaus auch direkt an diese.

Nun sind Sie aber selbst auf der Seite des Unternehmers und haben möglicherweise auch eigene Angestellte. Sowohl Ihre Angestellten als auch Sie selbst müssen im Rahmen der Berufsgenossenschaft gegen Unfälle abgesichert sein, die sich bei der Ausübung des Berufs ereignen können. Gründen Sie beispielsweise ein Gewerbe im Bau, so ist es die BG Bau, die im Ernstfall aufkommt und die Kosten für Heilbehandlungen oder Entschädigungen der geschädigten Personen übernimmt. Berufe, die genehmigungspflichtig sind, gehen häufig auch mit einer verpflichtenden Mitgliedschaft bei der Berufsgenossenschaft einher. Diese Versicherung ist wie eine erweiterte Krankenversicherung zu sehen, die den beruflichen Bereich von Unternehmen und deren Angestellten abdeckt.

Wenn Sie ein genehmigungspflichtiges Gewerbe betreiben, müssen Sie sich frühzeitig über die zuständige Berufsgenossenschaft, die Kosten der Mitgliedschaft und Ihre Pflichten informieren. Gründen Sie beispielsweise eine GmbH, dann müssen Sie sich unmittelbar nach der Gewerbeanmeldung bei Genossenschaft melden und die Registrierung dort vornehmen.

Die meisten Berufsgenossenschaften bieten auch eine freiwillige Versicherung an. Diese kann sinnvoll sein, wenn es für Ihr Gewerbe keine gesetzliche Versicherungspflicht gibt, Sie aber in der Branche dieser Genossenschaft tätig sind und sich sowie Angestellte zusätzlich absichern möchten. Für einen selbstständigen Grafikdesigner macht es natürlich keinen Sinn, sich etwa bei der BG Bau zu registrieren, da diese ihn überhaupt nicht absichern könnte. Ein solcher Antrag würde natürlich auch abgelehnt werden. Allerdings gibt es die VGB, bei der eine sogenannte freiwillige Unternehmerversicherung angeboten wird. Diese bietet Unternehmen aller Branchen die Möglichkeit, sich wie im Rahmen einer Berufsgenossenschaft zu versichern, wenn es für ihre Berufe keine eigene Genossenschaft gibt. Eine solche freiwillige Versicherung ist alleine schon für Sie selbst sinnvoll, wenn Sie anderweitig nicht gegen gesundheitliche Schäden an sich selbst oder Dritten abgesichert sind. Sie sollten in diesem Rahmen allerdings überprüfen, inwieweit andere Versicherungen schon für solche Schäden aufkommen. Wenn Ihr Beruf kein Risiko von Schäden an der Gesundheit Dritter, Ihrer Angestellten oder für Ihre eigene Gesundheit birgt, dann brauchen Sie nicht unbedingt eine solche freiwillige Versicherung. Haben Sie keine Angestellten und möchten nur sich selbst absichern? Dann sollten Sie die Leistungen der privaten Krankenversicherung überprüfen, denn möglicherweise macht es mehr Sinn, wenn Sie diesen Vertrag angleichen, um einen ähnlichen Schutz wie im Rahmen einer Berufsgenossenschaft zu bekommen.

8.3 Künstlersozialkasse (KSK)

Die Künstlersozialkasse ist eine Institution, über die viele Unternehmer schimpfen. Der Grund ist nicht etwa, dass sie schlechte Arbeit leistet, sondern dass es vielen Unternehmen oft nicht klar ist, dass sie Abgaben an die KSK zu leisten haben. Der Sinn hinter der Künstlersozialkasse besteht in der Erhebung der Künstlersozialversicherung, mit der freischaffende Künstler Zugang zur gesetzlichen Kranken-, Pflege- und Rentenversicherung haben.

Sie ist damit Teil der gesetzlichen Sozialversicherung und verpflichtend für freischaffende Künstler und Publizisten.

Genau hier beginnt jedoch auch die große Verwirrung, die für den zweifelhaften Ruf der KSK gesorgt hat. Viele Unternehmer wurden bereits damit überrascht, dass sie Beiträge an die KSK entrichten müssen, obwohl sie sich selbst nicht als Künstler oder als Publizisten bezeichnen. Es gibt etliche Urteile darüber, wer im Sinne der KSK als beitragspflichtig gilt. Laut Definition der KSK gilt als Künstler, wer Musik, darstellende oder bildende Kunst schafft oder lehrt. Als Publizist gelten Personen, die als Schriftsteller, Journalist oder in anderer Weise publizistisch tätig sind oder Publizistik lehren. Kunsthandwerker sind davon ausgeschlossen, weshalb beispielsweise ein Geigenbauer keine Beiträge an die KSK zu entrichten hätte. Auch Tätowierer gelten nach aktueller Rechtsprechung nicht als Künstler. Voraussetzung für die Zugehörigkeit zur Künstlersozialkasse ist außerdem, dass Sie aus dieser erwerbsmäßigen und nicht nur vorübergehend ausgeübten Tätigkeit ein Mindesteinkommen erzielen. Zudem dürfen Sie maximal einen weiteren Arbeitnehmer beschäftigen und auch nicht schon anderweitig von der Versicherungspflicht befreit sein. Möchten Sie also beispielsweise nebenberuflich als DJ arbeiten und dabei auch selbst Musik produzieren, dann ist die KSK für Sie irrelevant, da Sie nur nebenberuflich tätig sind. Sobald Sie daraus allerdings ein Hauptgewerbe machen, wird die KSK für Sie verpflichtend.

Sind Sie sich unsicher, ob sie verpflichtend in die Künstlersozialkasse einzahlen müssen? Dann kontaktieren Sie die KSK am besten direkt und schildern Ihren Einzelfall. Manche Fälle sind eindeutig, doch es sind gerade die nicht eindeutigen Fälle, in denen böse Überraschungen drohen, wenn sich im Nachhinein herausstellt, dass Sie Beiträge an die KSK hätten entrichten müssen. Deswegen sollten Sie bei Unsicherheit am besten schon vor der Gewerbeanmeldung abklären, ob Sie versicherungspflichtig sind oder nicht.

8.4 Berufs- und Erwerbsunfähigkeitsversicherung

Selbstständige und Unternehmer sind auf ihre eigene Arbeitsleistung angewiesen, wie es kein Angestellter ist. Als Angestellter können Sie sich jederzeit krank melden und Sie werden von etlichen Versicherungen und nicht zuletzt den Vorkehrungen des Sozialstaats aufgefangen, sollten Sie einmal mehrere Monate oder schlimmstenfalls gar Jahre am Stück berufsunfähig sein. Das große Risiko für Unternehmer besteht immer darin, dass der Sozialstaat sie oft nicht mehr berücksichtigt. Das gilt auch bei einer Berufs- oder Erwerbsunfähigkeit. Selbst als Angestellter kann es sinnvoll sein, sich durch eine entsprechende Versicherung gegen herbe finanzielle Verluste abzusichern, sollten Sie einmal Ihrem Beruf nicht mehr nachgehen können oder schlimmstenfalls nie wieder in diesem Beruf arbeiten können.

Was ist eigentlich der Unterschied zwischen einer Berufsunfähigkeit und einer Erwerbsunfähigkeit?

Bei der Berufsunfähigkeit ist davon auszugehen, dass der Betroffene seinem gelernten Beruf nicht mehr nachgehen kann. Das kann beispielsweise dann der Fall sein, wenn es durch gesundheitliche Probleme nicht mehr möglich ist, den gelernten Beruf auszuüben. Wer beispielsweise als Lagerarbeiter tätig war und nun einen Bandscheibenvorfall entwickelt, gilt als berufsunfähig, da nicht davon auszugehen ist, dass er je wieder schwer tragen kann. Bei der Erwerbsunfähigkeit handelt es sich um den Fall, dass der Betroffene vorübergehend oder dauerhaft gar keinen Beruf mehr ausüben kann. Er wäre so schwer geschädigt, dass er noch nicht einmal seinen bisherigen Beruf aufgeben, umschulen und in einem neuen Bereich einem Erwerb nachgehen könnte. Dieser Fall kann dann eintreten, wenn ein Betriebsunfall so schwer war, dass aufgrund der Behinderung infolge dieses Unfalls keinerlei Belastbarkeit mehr gegeben ist.

Versicherungen schützen den Versicherungsnehmer in der Regel sowohl von der Berufsunfähigkeit als auch vor der Erwerbsunfähigkeit. Beim Abschluss des Vertrages müssen Sie allerdings genau darauf achten, welche Leistungen in diesen beiden doch sehr unterschiedlichen Fällen gewährt werden. Der Sinn der Versicherung ist es, das vorübergehend oder dauerhaft ausbleibende Einkommen durch die Versicherung zu ersetzen. Sind Sie lediglich berufsunfähig, dann brauchen Sie vorübergehend finanziellen Ersatz für das Einkommen, welches Sie mit ihrem gelernten bisherigen Beruf erwirtschaftet hätten. Sie sind nicht arbeitsunfähig, können aber den bisherigen Beruf nicht ausüben und benötigen finanzielle Unterstützung, um das Leben neu zu planen und beispielsweise einen anderen Beruf zu lernen. Die Versicherungsleistung ist in diesem Fall vorübergehend, da davon auszugehen ist, dass Sie in einem anderen Beruf wieder arbeiten werden. Bei einer Erwerbsunfähigkeit ist die Versicherungsleistung noch wichtiger, da hier davon auszugehen ist, dass Sie gar nicht mehr arbeitsfähig sind und ein Leben lang auf die Versicherungsleistung angewiesen bleiben werden.

Die Berufsunfähigkeitsversicherung ist genau wie die Versicherung gegen Erwerbsunfähigkeit nicht verpflichtend. Allerdings kann es sich im Ernstfall um eine der wichtigsten Versicherungen handeln, die Sie haben. Deswegen sollten Sie sich individuell Gedanken machen, ob eine Berufsunfähigkeit oder Erwerbsunfähigkeit eintreten könnte und wie Sie mit diesem Fall umgehen würden. Wenn Sie hier einen finanziellen Engpass erkennen, sollte es dazu kommen, dann ist eine solche Versicherung für Sie wichtig und sinnvoll.

8.5 Kranken- und Pflegeversicherung

Eine weitere und sehr wichtige verpflichtende Versicherung ist die Kranken- und Pflegeversicherung. Als Angestellter bekommen Sie von dieser Versicherungspflicht nur beim Blick auf die Lohnabrechnung überhaupt etwas mit. Zum Eintritt ins Berufsleben haben Sie sich für eine gesetzliche Krankenkasse entschieden und diese Ihrem Arbeitgeber mitgeteilt. Er entrichtet nun den Arbeitnehmeranteil aus Ihrem Gehalt an die Versicherung, dieser Anteil wird gar nicht Ihnen selbst ausgezahlt. Sie sehen dieses Geld also nur auf der Lohnabrechnung, denn es wird direkt an die gesetzliche Krankenkasse abgeführt. In diesem Arbeitnehmeranteil ist auch ihr Beitrag zur gesetzlichen Pflegeversicherung bereits enthalten.

Als Gewerbetreibender sind Sie nicht mehr verpflichtet, Mitglied einer gesetzlichen Krankenkasse zu sein, sondern können sich zwischen zwei Möglichkeiten entscheiden. Entweder versichern Sie sich freiwillig bei der bisherigen Krankenkasse oder entscheiden sich für den Weg der privaten Krankenversicherung. Die PKV steht darüber hinaus unter anderem Studenten oder Angestellten ab einer gewissen Einkommensgrenze zur Verfügung und hat gewisse Vor-, aber auch Nachteile.

Wer sich selbstständig macht, wird oft zu hören bekommen, dass er sich unbedingt in der PKV versichern soll. Viele denken hier an Einzelbett-Zimmer im Krankenhaus und Chefarztbehandlung. Es stimmt durchaus, dass die privaten Krankenversicherungen Ärzten wirtschaftlich mehr bringen als die gesetzliche Krankenkasse. Deswegen werden Privatpatienten bevorzugt angenommen. Leistungen für die Chefarztbehandlung müssen Sie allerdings beim Abschluss einer PKV für erheblich höhere Beiträge dazu buchen. Sie sind nicht immer automatisch enthalten. Zudem hat jeder Patient, sei er privat oder gesetzlich versichert, Anspruch auf ärztliche Behandlung. Das bedeutet: Sie werden auch nur dann bevorzugt behandelt, wenn es die Situation wirklich zulässt. Das ist beispielsweise dann der Fall, wenn Sie einen Termin bei einem Facharzt möchten, der dann oft Überstunden macht, damit er Sie bei voller Auslastung noch als neuen Patienten annehmen kann - da es sich schlichtweg wirtschaftlich für ihn auszahlt, Sie dennoch anzunehmen. Die private Krankenversicherung übernimmt allerdings häufig Leistungen, die von einer gesetzlichen Krankenkasse nicht übernommen werden. Viele PKVs werben explizit damit, dass sie beispielsweise die Kosten für Heilpraktiker übernehmen, was natürlich auf Versicherungsnehmer auf der Suche nach einer geeigneten Versicherung überzeugend wirken kann. Sie müssen allerdings bei solchen Angeboten damit rechnen, dass auch die Beiträge höher werden, da mehr Kosten auf die Versicherung zukommen. Deswegen ist der Abschluss einer PKV Abwägungssache. Brauchen Sie diese zusätzlichen Leistungen wirklich? Wenn ja, dann lohnt sich der Abschluss natürlich für Sie. Sind Sie allerdings selten krank und benötigen diese angebotenen zusätzlichen Leistungen nicht, dann zahlen Sie schlussendlich für etwas, was sie gar nicht in Anspruch nehmen.

Ein weiterer Faktor bei der PKV sind die Beiträge. Die Krankenversicherung ist eine der teuersten Versicherungen, die ein Unternehmer zu zahlen hat. In dieser Hinsicht gibt es wenig Unterschied zwischen dem Angestelltenverhältnis und dem Unternehmertum. Die private Krankenversicherung wirkt zunächst günstig. Denn: Je jünger der Versicherungsnehmer hier einsteigt, desto niedrigere Beiträge zahlt er. Eine private Krankenversicherung für einen Studenten kann im Vergleich zur gesetzlichen Versicherung daher auf den ersten Blick extrem günstig wirken. Ältere Versicherungsnehmer, die einen neuen Vertrag mit der PKV abschließen, zahlen allerdings teilweise mehr, als sie es im Rahmen einer freiwilligen gesetzlichen Versicherung bei der Krankenkasse müssten. Die Beiträge zur privaten Krankenversicherung steigen mit jedem zusätzlichen Lebensjahr. Außerdem spielen auch gesundheitliche Risikofaktoren wie Vorerkrankungen eine Rolle, da die PKV eine Versicherung wie jede andere ist und in jedem Einzelfall ihr Risiko abschätzen muss. Bei der gesetzlichen

Krankenversicherung ist das nicht der Fall, die Höhe der Beiträge richtet sich hier nur nach dem Einkommen.

Ein weiterer wichtiger Entscheidungsfaktor bei der privaten Krankenversicherung ist der Umstand, dass man nicht mehr so leicht zurück in die gesetzliche Krankenversicherung wechseln kann. Das ist nur bei einem Statuswechsel möglich. Konkret bedeutet das: Sie müssten ihr Gewerbe aufgeben und einem Angestelltenverhältnis nachgehen, damit Sie sich wieder gesetzlich krankenversichern können.

Zuletzt sollten Sie bedenken, dass Sie bei der privaten Krankenversicherung oft eine Selbstbeteiligung haben und die Kosten für die Behandlung beim Arzt vorstrecken müssen. Das bedeutet, dass Sie anders als bei der gesetzlichen Versicherung vom Arzt eine Rechnung erhalten. Diese Rechnung reichen Sie bei der Versicherung ein und die Versicherung erstattet Ihnen die Rückzahlung. Das ist deswegen wichtig, da Sie für Behandlungen beim Arzt anders als bisher Liquidität einplanen müssen. Viele Versicherungen handhaben es so, dass sie die Behandlungskosten sehr schnell zurückerstatten, sodass Sie diese im Grunde direkt an den Arzt weiterleiten können. Allerdings bedeutet auch das wiederum zeitlichen Aufwand, was viele Selbstständige mit der Zeit nervt. Nicht nur nervig, sondern auch bedrohlich werden kann dieser Umstand, wenn Sie sehr teure Behandlungen zu bezahlen haben. Bei schweren Erkrankungen etwa kann es durchaus ein wichtiges Thema werden, wann die private Krankenversicherung für Ihre Behandlung aufkommt.

Eine private Krankenversicherung lohnt sich zusammenfassend also für folgende Personen:

- Studenten, die nebenbei oder perspektivisch auch hauptberuflich selbstständig sein möchten
- Junge Versicherungsnehmer, die noch mit niedrigen Beiträgen rechnen können

- Versicherungsnehmer ohne Vorerkrankungen, da Risikofaktoren oder Vorbehandlungen die Beiträge der privaten Krankenversicherung erhöhen

Haben Sie sich für die private Krankenversicherung entschieden, vergleichen Sie unbedingt die Anbieter. Anders als bei den gesetzlichen Krankenkassen unterscheiden sich die Leistungen hier teilweise erheblich. Wählen Sie eine Versicherung, die Leistungen übernimmt, die Sie auch brauchen. Manche privaten Krankenversicherungen übernehmen beispielsweise die Kosten für eine Brille oder für Sehhilfen wie Kontaktlinsen. Andere wiederum zahlen einen Heilpraktiker, was Ihnen ein von der Versicherung bezahltes Coaching beim Heilpraktiker einbringen kann.

Angesichts der zusätzlichen Leistungen, die eine private Krankenversicherung übernimmt, erscheint es höchst fraglich, warum sich dennoch Selbstständige freiwillig in der gesetzlichen Krankenkasse versichern. Die Beiträge errechnen sich bei der gesetzlichen Krankenkasse nach dem Einkommen und nicht nach gesundheitlichen Risikofaktoren. Eine private Krankenversicherung kann einen Antrag ablehnen, wenn sie den Kunden nicht annehmen möchte, da er sich für sie nicht lohnen würde. Kaum eine private Krankenversicherung würde einen Kunden annehmen, der eine lange Liste an Vorerkrankungen hat und sich auch aktuell in Behandlung befindet. Die gesetzliche Krankenkasse hat einen anderen Status. Sie muss jedem eine grundlegende Krankenversicherung gewährleisten, das gilt auch für selbstständige Unternehmer. Darin liegt auch einer der wichtigsten Gründe, warum viele Selbstständige sich freiwillig für die gesetzliche Krankenversicherung entscheiden. Sie würden von einer privaten Krankenversicherung aufgrund von Vorerkrankungen oder anstehenden Behandlungen gar nicht angenommen werden.

Ein weiterer guter Grund für die gesetzliche Krankenkasse besteht darin, dass die Beiträge zwar höher sind, wenn das Einkommen hoch ausfällt, jedoch ist auch eine Stabilität der Beiträge gewährleistet. Wer sich nicht in den Zwanzigerjahren seines Lebens selbstständig macht, sondern als Mensch im mittleren Alter diesen Weg beschreitet, kann in der PKV schon fast nicht mehr von den günstigeren Beiträgen profitieren. Selbst wenn sie zu diesem Zeitpunkt noch bezahlbar wären, so würden sie sehr schnell ansteigen und mit der Zeit höher ausfallen als bei der gesetzlichen Krankenkasse.

Das Thema Krankenversicherung und die damit verbundenen Beiträge zur Pflegeversicherung wecken bei vielen Selbstständigen große Unsicherheiten. Deswegen ist es wichtig, sich gerade mit dieser wichtigen und auch gesetzlich vorgeschriebenen Versicherung frühzeitig zu beschäftigen. Informieren Sie sich sowohl bei der gesetzlichen Krankenkasse als auch bei passenden privaten Krankenversicherungen über die Leistungen, Beiträge und vor allem auch über die Entwicklung der Beitragshöhen. Besprechen Sie dabei mit Ihrem Ansprechpartner alle Eventualitäten ihres Lebens. Planen Sie beispielsweise, in nächster Zeit ein Kind zu bekommen? Denn das verändert für die Krankenversicherung einiges. Haben Sie Vorerkrankungen oder müssen Sie damit rechnen, dass hohe Behandlungskosten auf Sie zukommen? Dies müssten Sie beim Abschluss einer PKV ohnehin wahrheitsgemäß angeben, sodass sie auch hierüber mit dem Ansprechpartner offen reden müssen. Je besser Sie Ihre eigene gesundheitliche Situation und Ihre Erwartungen an eine Krankenversicherung formulieren können, desto besser können die Krankenkasse sowie auch die private Krankenversicherung sie hinsichtlich der richtigen Wahl beraten. Es geht bei dieser Versicherung nicht nur um den Abschluss einer gesetzlich vorgeschriebenen Pflichtversicherung, sondern um Ihre Gesundheit. Deswegen muss gerade diese Versicherung wohl überlegt ausgewählt werden.

8.6 Weitere sinnvolle Versicherungen

Sie haben in diesem Kapitel die gesetzlich vorgeschriebenen Versicherungen sowie weitere Versicherungsformen kennengelernt, die unabhängig von der Branche Ihres Gewerbes sinnvoll sein können. Je nach Art Ihres Gewerbes kann es jedoch auch noch weitere sinnvolle Versicherungen geben, die im Einzelfall für Sie wichtig sind. Eine allgemeine Beratung ist an dieser Stelle kaum machbar. Aufschluss geben kann eine Beratung, beispielsweise bei der IHK oder der HWK, oder eine sachkundige Gründungsberatung, die sich mit Ihrem Gewerbe auskennt. Weitere gute Anlaufstellen sind Berufsverbände oder informative Websites, die sich Ihrem Beruf und der Selbstständigkeit in diesem Umfeld widmet.

Unabhängig von der Branche kann eine Rechtsschutzversicherung sinnvoll sein. Haben Sie bereits eine private Rechtsschutzversicherung? Je nach Versicherungsgesellschaft ist es manchmal möglich, diesen bestehenden Vertrag so anzupassen, dass auch ein Einzelunternehmen und dessen Tätigkeit berücksichtigt werden können. Haben Sie privat keine solche Versicherung oder ist die Anpassung dieses Vertrags nicht möglich, dann müssen Sie einen gewerblichen Rechtsschutz abschließen. Diese Versicherung ist nicht nur im Schadensfall sinnvoll. Je nach individuellem Vertrag bietet eine gewerbliche Rechtsschutzversicherung Ihnen beispielsweise auch die Möglichkeit, telefonische Rücksprache mit einem Anwalt zu halten, wenn Sie eine rechtliche Einschätzung zu einer Situation benötigen. Das kann schon bei der nächsten Gesetzesänderung, die Ihren Beruf betrifft, viel Zeit und Nerven sparen. Spätestens im Schadensfall sind Sie für eine solche Versicherung dankbar. Bevor Sie jedoch eine Rechtsschutzversicherung abschließen, sollten Sie überprüfen, ob Sie nicht im Rahmen einer anderen Versicherung bereits ausreichend geschützt sind.

Welche materiellen Werte besitzt ihr Unternehmen? Haben Sie beispielsweise ein Büro und haben dieses für viel Geld eingerichtet? Dann sollten Sie über eine Einbruchversicherung nachdenken. Gerade Gewerbetreibende, bei denen Bargeld vermutet wird, leiden besonders häufig unter Einbrüchen, bei denen nicht nur eventuell im Büro befindliches Bargeld mitgenommen wird, sondern auch die Einrichtung nimmt erheblichen Schaden. Eine solche Versicherung würde Ihnen in diesem Fall die Einrichtung ihres Büros ersetzen. In diesem Zusammenhang kann auch die Betriebsunterbrechungsversicherung sinnvoll sein. Diese deckt Fälle weit über einen Einbruch hinaus ab. Kommt es in Ihrem Büro oder in Ihrer Produktionsstätte zu Schäden und der Betrieb muss deswegen ruhen, bis der Schaden behoben ist, dann bedeutet das schmerzhafte Umsatzeinbußen. Eine solche Versicherung kommt in diesem Fall für die Einbußen auf. Auch die Löhne und Gehälter der Mitarbeiter werden dann von der Versicherung weiter gezahlt, bis der Betrieb wieder weiterlaufen kann. Diese Versicherung können Sie sich ähnlich wie eine Hausratversicherung im privaten Bereich vorstellen.

Im Bereich der Haftpflichtversicherungen gibt es ebenfalls noch einige Sonderformen, die für spezielle Betriebe relevant sein können. Zu nennen ist beispielsweise die Produkthaftpflicht, die für Schäden aufkommt, wenn Kunden Ihre Produkte nicht sachgemäß verwenden und dabei zu Schaden kommen. Kuriose Fälle sind insbesondere aus der US-amerikanischen Rechtsprechung bekannt, jedoch kommt es auch außerhalb der USA zu Schäden durch Verwendung von Produkten. Unternehmen müssen sich dann mit Schadensersatzforderungen auseinandersetzen.

9

Marketing als Selbstständiger

Als Unternehmer sind Sie für alle Bereiche der Unternehmensführung zuständig. Buchhaltung, Controlling, aber auch angenehmere Tätigkeitsbereiche wie Marketing gehören nun zu Ihrem Zuständigkeitsfeld. Wenn Sie bereits aus dem Marketing kommen und Berufserfahrung haben oder sich gar in diesem Bereich selbstständig machen, dann werden Sie es natürlich leicht haben. Die meisten Unternehmer aber haben damit maximal oberflächliche Berührungspunkte gehabt, wenn sie sich selbstständig machen, und müssen nun für sich selbst ein komplettes Marketing-Konzept erstellen.

Brauchen Sie überhaupt Marketing?

Ja und nein.

Wenn Sie sich lediglich nebenberuflich selbstständig machen wollen und einige wenige Kunden bedienen möchten, die Sie bereits haben, dann wird Marketing für Sie eine vergleichsweise geringe Rolle spielen. Einige Bestandteile des Marketings werden Sie natürlich dennoch brauchen, etwa die Corporate Identity. Oder möchten Sie Ihr neues Gewerbe zum Hauptberuf machen? Dann sind Sie auf gutes Marketing angewiesen und es kann sogar sinnvoll sein, noch tiefer in dieses Thema einzusteigen und sich professionell beraten zu lassen.

In diesem Kapitel wollen wir Ihnen einen Überblick darüber verschaffen, was Marketing ist, welche Teilbereiche dazugehören und welche Möglichkeiten sich Ihnen damit eröffnen. Sie sind nach diesem Kapitel in der Lage, strategisch ein Marketingkonzept für Ihre eigene Selbstständigkeit zu entwickeln. Sie wissen, welche Disziplinen des Marketings Sie sich entweder selbst aneignen oder an einen Fachmann auslagern müssen.

9.1 Corporate Identity

Relevant für alle Unternehmer ist die Entwicklung einer Corporate Identity. Sie können sie sich vorstellen wie die Persönlichkeit Ihres Unternehmens. Gerne wird die CI gleichgesetzt mit dem Logo, sie umfasst jedoch wesentlich mehr als nur das, auch wenn das Logo natürlich ein Hauptelement der Identität ihrer Firma ist. Die CI beantwortet unter anderem folgende Fragen:

- Für welche Werte, welche Arbeitsweise und welche Besonderheiten steht das Unternehmen?
- Welche Merkmale unterscheiden das Unternehmen von Mitbewerbern?
- Welche Schlüsselworte machen das Unternehmen aus?
- Durch welches Design (Corporate Design) wird diese Identität zum Ausdruck gebracht?

Das Design, wozu auch Logo, Farben und Formen gehören, ist also nur ein kleiner Teilbereich der Identität. In der Fachsprache des Marketings wird das als Corporate Design bezeichnet. Bevor Sie jedoch loslegen und sich passende Farben, gestalterische Elemente oder ein Logo ausdenken können, müssen Sie sich vorab schon Gedanken machen, wofür all das überhaupt stehen soll. Erst wenn Sie wissen, wie die Identität - die DNA Ihres Unternehmens - aussieht, ist es sinnvoll, sich Gedanken zu machen, wie sich diese "Persönlichkeit" am besten zum Ausdruck bringen lässt.

Diesen Teil des Marketings können Sie absolut eigenständig in die Hand nehmen. Sie benötigen dafür keinen Fachmann, sondern lediglich Zeit, Ihr Unternehmen zu definieren und kennenzulernen. Was Sie jedoch aus der Hand geben können, sind Teile des Corporate Designs. Wenn Sie sich nicht gerade als Grafiker selbstständig machen möchten, dann kann es sehr herausfordernd sein, ein eigenes Logo designen zu müssen. Es gibt jedoch auch günstige und trotzdem gute Ressourcen wie Fiverr, auf denen Sie einen Grafiker unproblematisch und schnell beauftragen können, wenn Sie definiert haben, was Sie wollen.

9.2 Digitales Marketing: Website & Social Media

Digitales Marketing ist ein Teilbereich, an dem Sie im heutigen Zeitalter kaum vorbeikommen. Die wichtigsten Bestandteile des digitalen Marketings sind:

- Website
- Suchmaschinenoptimierung (SEO)
- bezahlte Werbung (SEA)
- soziale Netzwerke (Facebook, LinkedIn, ...)
- E-Mail-Marketing

Wenn Sie sich genau in diesem Bereich selbstständig machen wollen, dann können Sie ihr eigenes digitales Marketing ohne Probleme aufsetzen. Doch selbst, wenn Sie noch nie eine eigene Website eingerichtet haben, gibt es gute Baukästen, die Ihnen diese Arbeit abnehmen. Lösungen gibt es inzwischen für viele digitale Methoden, sodass Sie nicht unbedingt operatives Fachwissen oder Erfahrungen brauchen. Wollen Sie jedoch individuelle Lösungen oder haben einen Plan, der sich mit einem Baukasten nicht bewältigen lässt, dann lohnt es sich, einen Fachmann zu engagieren. Gerade im Bereich der Suchmaschinenoptimierung oder der bezahlten Werbung können Sie viel Geld verbrennen, wenn Sie sich ohne Fachwissen an die Arbeit machen.

Viel wichtiger beim digitalen Marketing ist eine Strategie. Bevor diese nicht steht, macht es keinen Sinn, Geld in digitale Werbung zu investieren.

Was muss Ihre Strategie also beinhalten?

- Welchen Kundenkreis wollen Sie mit welcher Botschaft digital erreichen?
- Erreichen Sie diesen Kundenkreis auch schon auf anderen Wegen? Wenn ja: Wo hatten diese Kunden schon einmal Berührungspunkte mit Ihnen und was wissen die Kunden dadurch bereits über Sie?
- Auf welchen digitalen Kanälen halten sich die Zielkunden auf? Mit welchen Inhalten wollen Sie mit diesen Kunden interagieren?
- Wie sieht ein digitaler Dialog mit Ihren Zielkunden aus?

Viele Unternehmer handhaben den Umgang mit dem digitalen Marketing so, dass sie die Strategie selbst entwickeln, manchmal auch schon zusammen mit einem Fachmann. Diese Strategie geben sie zur operativen Umsetzung an einen Experten, der sich ausschließlich auf die Bedienung digitaler Kanäle spezialisiert hat. Auf diese Weise können Sie verhindern, viel Geld durch bezahlte digitale Werbung zu verbrennen, weil Sie schlichtweg nicht die Zeit haben, sich in die Funktionsweise komplexer Online-Kampagnen einzuarbeiten.

9.3 Die richtigen Kanäle auswählen

Einer der wichtigsten Bestandteile einer Marketing-Strategie ist die Auswahl der richtigen Kanäle. Das ist insbesondere im digitalen Bereich der Fall, jedoch müssen Sie auch die analogen Kanäle der Kundengewinnung kennen und steuern können.

Um Kanäle auswählen zu können, müssen Sie wissen, an welche Kunden Sie mit welcher Botschaft herantreten wollen. Ihr erster Schritt besteht also darin, die Kunden kennenzulernen und zu definieren, die Sie erreichen möchten. Handelt es sich um eine heterogene Zielgruppe, die aus ganz unterschiedlichen Bedürfnissen heraus Ihr Produkt gebrauchen kann? Oder wollen Sie gezielt ihre Dienstleistung an Entscheider herantragen, die Sie nicht nur interessant finden, sondern Sie auch wirklich beauftragen können? In der Kenntnis der Zielgruppe liegt auch die Antwort auf die Frage nach dem richtigen Kanal. Eine heterogene Zielgruppe nutzt die verschiedensten digitalen und analogen Wege. Sie können diese beispielsweise beim privaten Surfen auf Facebook, Instagram und anderen sozialen Netzwerken erreichen. Vielleicht macht es sogar Sinn, experimentell vorzugehen und einen Kanal auf YouTube oder TikTok anzulegen, auf dem Sie Ihr Produkt oder Ihre Dienstleistung kreativ vorstellen. Entscheider wiederum bewegen sich eher auf beruflich ausgerichteten sozialen Netzwerken wie LinkedIn oder suchen gezielt über die Suchmaschinen nach Lösungen für teils hoch komplexe Problemstellungen. Den Entscheider erreichen Sie eher nicht über eine witzige Video-Strategie, sondern indem Sie ihm ein kostenloses Whitepaper präsentieren, in welchem er erfährt, wie Sie mit einem ähnlichen Problem wie seinem Anliegen schon erfolgreich umgegangen sind.

9.4 Die richtigen Botschaften senden: Content Marketing

Sie haben bereits bemerkt, dass die Wahl der richtigen Kanäle viel mit dem Content zu tun hat, den Sie Ihrer Zielgruppe präsentieren. Dieser Teilbereich des Marketings nennt sich Content Marketing, da es hier um Inhalte geht. Jede noch so gut konzipierte digitale Werbestrategie kann nicht aufgehen, wenn die Botschaft und das Wertversprechen dahinter nicht stimmig sind. Stellen Sie sich vor, Sie sind als Gründer gerade selbst auf der Suche nach einer Software, die für Sie die Buchhaltung übernimmt. Sie wissen bis jetzt lediglich, dass Sie keine Lust auf Buchhaltung haben und auch gar keine Zeit in diese lästige Aufgabe investieren wollen. Sie finden nun in der Suchmaschine zwei Werbeanzeigen. Beim Klick auf die erste Anzeige landen Sie auf der Startseite einer Buchhaltungssoftware, auf der lediglich zu sehen ist, dass es sich um eine Software handelt. Nun klicken Sie die zweite Anzeige an und bekommen dort eine Checkliste angeboten, welche Features eine solche Software für Sie als Gründer beinhalten muss und was Sie jeweils von diesen Features haben. Mit welchem Anbieter würden Sie sich weiter befassen?

Genau so müssen Sie bei Ihrem eigenen Content Marketing vorgehen. Stellen Sie sich für eine saubere Strategie folgende Fragen:

- In welchen Situationen fangen Kunden an, nach Ihrem Produkt oder Dienstleistung zu suchen? Welches Problem liegt ihrer Suche zugrunde?
- Mit welchen Arbeitsbeispielen oder Anwendungsfällen können Sie Kunden überzeugen, dass Sie die richtige Lösung anbieten?
- Welche Strategien wenden Wettbewerber an und wie lassen sich diese noch verbessern?

Content Marketing geht davon aus, dass der erste Schritt in der Suche Ihrer Kunden nach einer Lösung besteht. Ein plumpes Angebot wird keinen Kunden beeindrucken. Eine detaillierte Erklärung, die gerne auch kreativ werden und mit Videos oder ganz anderen Formaten arbeiten kann, überzeugt den Kunden schon viel eher.

Bedenken Sie beim Content Marketing, dass sich bei allen kreativen Möglichkeiten, die sich bieten, Zeit für ihre Umsetzung vorhanden sein muss. Auf den ersten Blick wirkt es natürlich verlockend, gerade kreative Formate wie Videos, Whitepapers, Podcasts oder ausführliche Blog-

Beiträge auszuprobieren. Dieser Content muss jedoch erstellt und auch regelmäßig aktualisiert werden. Ein YouTube-Kanal pflegt sich nicht von alleine. Auch ein Blog möchte regelmäßig mit frischen Artikeln versorgt werden. Hinterfragen Sie kritisch, ob Sie langfristig in der Lage sind, Ihre Content-Strategie auch umzusetzen. Manchmal kann es sinnvoll sein, eine gute, aber arbeitsintensive Strategie auf sogenannten Hero Content auszurichten. Dies ist ein besonders herausragender Inhalt, etwa ein sehr ausführlicher Blogartikel oder ein sehr umfassendes Video, der möglichst zeitlos gestaltet ist. Auf diese Weise können über Monate und Jahre interessierte Kunden immer wieder auf diese Ressource stoßen, wenn sie anfangen, nach einer Lösung für ihr Problem zu suchen. Während Sie Ihren Hero Content also womöglich vor Jahren erstellt haben, dient er Ihnen auch nach längerer Zeit immer noch zuverlässig als Kundenmagnet.

9.5 Kundenakquise auf analogem Weg

Digitales Marketing ist die zentrale Methode beim Gedanken an Kundenakquise. Viele Unternehmer setzen digitales Marketing mit Marketing selbst gleich. Vergessen Sie dabei jedoch auf gar keinen Fall die analogen Wege der Kundengewinnung. Diese sind von Branche zu Branche unterschiedlich, manchmal können Sie tatsächlich ausschließlich auf die digitalen Kanäle setzen. In anderen Fällen kann es aber sinnvoll sein, die folgenden analogen Methoden der Kundenakquise auf dem Schirm zu haben:

- Flyer, Broschüren
- Empfehlungsmarketing (z. B. im Rahmen einer Provision für Empfehlungen, die zu Umsatz geführt haben)
- Telefonmarketing
- Fachvorträge auf Messen, Gründer-Events etc.

Ein gutes Beispiel ist das Maklerwesen. Immobilienmakler gehen bis heute strategisch davon aus, dass sie eine sogenannte Farm zu besetzen haben. Eine Farm ist ein geografisch klar abgestecktes Gebiet, in welchem sie maximale Bekanntheit erlangen möchten. Die Definition des Gebietes erfordert natürlich viel Recherche, da sich in der Farm auch ausreichend attraktive Immobilien befinden müssen. Innerhalb ihrer Farm bauen Makler nun durch gezieltes Flyer-Marketing laufend Bekanntheit auf. In klar definierten Abständen werfen sie immer wieder Flyer in die Briefkästen ihrer Farm, wobei die Inhalte unterschiedlich sind. Im ersten Flyer machen sie auf das Immobilienmaklerbüro aufmerksam und betonen ihre Ortskenntnis, da sie selbst aus der Umgebung stammen und sich bestens auskennen. Dann wieder wird aufs Empfehlungsmarketing hingewiesen - denn wer seine Immobilie derzeit selbst nicht verkaufen will, kennt vielleicht gerade jemanden, der das möchte, und kann gegen eine Provision den Kontakt herstellen. Die Strategie hat den Sinn, dass die meisten Menschen einmal im Leben mit einem Makler zusammenarbeiten werden. Wenn aber dieser Zeitpunkt kommt, dann hat sich der werbende Immobilienmakler durch seine Beharrlichkeit so eingeprägt, dass er der erste Gedanke seiner potenziellen neuen Kunden ist.

Selbstständiger

Die Gewerbeanmeldung ist der entscheidende Schritt in die Selbstständigkeit. Wenn Sie diese vollzogen haben, dann sind Sie Unternehmer - aber wie geht es weiter? Was machen Sie, nachdem Sie mit dem Gewerbeschein in der Hand den Weg ins Büro antreten?

10.1 Erste Kunden gewinnen & Beziehungen aufbauen

Fokussieren Sie sich besonders in den ersten Monaten Ihrer Selbstständigkeit auf die Gewinnung neuer Kunden und den Aufbau von Kundenbeziehungen. Die Gewinnung neuer Kunden ist immer teurer als der Ausbau einer bestehenden Beziehung. Dennoch müssen Sie sowohl Neu- als auch Bestandskunden gleichermaßen wichtig nehmen. Hinterfragen Sie bei neuen Kunden, wie diese auf Sie gekommen sind, da Sie daraus lernen können, wie Sie noch weitere neue Kunden anziehen können. Dokumentieren Sie bei bestehenden Kunden, wodurch Sie diese an sich binden konnten und welche Potenziale sich für eine Erweiterung Ihres Auftrags ergeben. Denn das können Sie auch anderen bestehenden Kunden anbieten und dadurch leicht das Auftragsvolumen erhöhen.

10.2 Produkt & Dienstleistung weiterentwickeln

Ähnlich, wie Sie aus Ihren Kundenbeziehungen fortlaufend lernen, müssen Sie auch Ihr Produkt und Ihre Dienstleistung stetig weiterentwickeln. Fordern Sie deswegen aktiv Feedback von den Kunden. Das können Produktbewertungen sein, Sie können aber auch direkt im Kundengespräch regelmäßig nachfragen, wie zufrieden die Kunden sind und was sie sich noch wünschen würden. Viele Unternehmer starten mit einem Produkt oder einer Dienstleistung, welches die Mindestanforderungen erfüllt, um überhaupt gekauft zu werden. Die Rede ist dabei von einem Minimum Viable Product (MVP), also einem Produkt oder einer Dienstleistung, die gerade einmal marktfertig ist. Sie lernen dann auf Basis von Feedback der Kunden, was die Idee wirklich braucht, um gut zu werden.

Planen Sie am besten schon von Anfang an in Ihren Arbeitsablauf ein, wann Sie Ihr Produkt oder die Dienstleistung gründlich unter die Lupe nehmen wollen. Natürlich wird es einige Zeit dauern, bis sie genug Feedback von Kunden eingesammelt haben, um auf dieser Basis Entscheidungen treffen zu können. Am Anfang können Sie ruhig ein halbes Jahr oder sogar noch länger warten, bis Sie Ihr Konzept überdenken und verbessern. Evaluieren Sie das Feedback, das Sie haben, entwickeln Sie daraus konkrete Arbeitspakete und hinterlegen Sie einen Zeitplan - denken Sie hierbei wie ein Projektmanager.

10.3 Wollen Sie wachsen?

Wie bei allem im Leben ist es auch beim Unternehmertum wichtig, einen Plan fürs große Ganze zu haben. Warum haben Sie sich selbstständig gemacht? Wollen Sie Ihr eigener Chef sein? Sind Sie damit zufrieden, Ihr Einkommen mit Kunden und Tätigkeiten zu verdienen, die nicht der Chef aussucht, sondern Sie? Oder besteht Ihre Vision darin, das Unternehmen zu etablieren und dann damit zu wachsen? Eines Tages eigene Angestellte zu haben und nur noch Geschäftsführer zu sein?

Wer wachsen will, muss das Unternehmen ganz anders aufziehen als jemand, der lediglich für sich selbst verantwortlich sein will. Möchten Sie Selbstständiger bleiben, dann reicht es, sich einen Kundenstamm aufzubauen und den Fokus auf die Pflege dieser Beziehungen und ein wenig Neukundenakquise zu legen. Wollen Sie hingegen wachsen, müssen Sie ein entsprechendes Auftragsvolumen generieren, damit Sie Mitarbeiter einstellen und skalieren können.

Diese Klarheit ist vor allem dann wichtig, wenn Sie in die Situation geraten, einen großen Auftrag annehmen zu können - oder aber merken, dass Sie in Ihren Zielen hinterher sind. In einer solchen Situation wollen

Sie nicht erst überlegen, ob Sie das Wachstum mitmachen oder auch mit weniger zufrieden sind.

10.4 Wo und wie wollen Sie arbeiten?

Eine ebenfalls sehr zentrale Frage, die viele Unternehmer aber vergessen, ist die Wahl des Arbeitsplatzes. Wenn Sie einen neuen Job antreten, dann arbeiten Sie auch vor Ort beim Unternehmen. In der Selbstständigkeit finden sich Unternehmer oft erst im Homeoffice wieder und fühlen sich damit gar nicht wohl. Andere wiederum können damit gut umgehen und genießen die produktive Arbeitsatmosphäre. Wenn Sie lieber für sich sind, richten Sie sich zu Hause ein Arbeitszimmer ein, doch wenn Sie lieber unter Menschen sind, überlegen Sie sich, an welchen Orten Sie stattdessen arbeiten können. Möchten Sie sich ein Büro mieten oder sich einen Co-Working Space mit anderen teilen, um Synergien zu nutzen? In manchen Berufen ist es sinnvoll, sich mit anderen Selbstständigen aus der Branche ein Büro zu teilen. Wenn Sie viel Arbeitsausstattung brauchen, dann ist es oft doch gar nicht möglich, ohne Büro zu arbeiten. Die Selbstständigkeit gibt Ihnen die Freiheit, selbst Ihre Entscheidung zu treffen, wo und wie Sie arbeiten wollen. Machen Sie sich frühzeitig Gedanken über diesen wichtigen Aspekt, denn er wirkt sich unmittelbar auf Ihre Produktivität und damit auch auf Ihre Zufriedenheit mit der beruflichen Situation aus.

11

FAQ zur Selbstständigkeit: Alles Wichtige auf einen Blick

Sie haben nun einen detaillierten Überblick darüber erhalten, welche Schritte Sie gehen müssen, um in die Selbstständigkeit zu starten. Von der Planung über die ersten Vorbereitungen und die Gewerbeanmeldung bis hin zur Kundengewinnung wissen Sie, wie Ihr Fahrplan lautet. Sie wissen, was Sie selbst leisten können und wo Sie fachliche Unterstützung brauchen - und auch, wo Sie diese bekommen können.

Für einen schnellen Überblick haben wir hier die wichtigsten Fragen und Antworten rund um die Selbstständigkeit gesammelt. Kehren Sie zu diesem Kapitel zurück, wenn Sie schnell eine Antwort auf eine wichtige Frage rund um das Unternehmertum brauchen.

Kann sich jeder selbstständig machen?

Ja und nein. Eine Gewerbeanmeldung kann zunächst jeder abgeben. Es gibt allerdings genehmigungspflichtige Berufe und bei Kapitalgesellschaften weitere Kriterien, die Sie erfüllen müssen, damit Sie ein entsprechendes Gewerbe anmelden können.

Gibt es staatliche Förderung für Gründer?

Um die Existenz zu sichern, gibt es finanzielle Unterstützung durch die Bundesagentur für Arbeit. Zudem gibt es Gründerstipendien, die teils auch staatlich finanziert werden.

Welche steuerlichen Pflichten gibt es für Selbstständige?

Jeder Selbstständige muss eine Einkommenssteuererklärung abgeben. Hierzu benötigen Sie eine Gewinn-und-Verlust-Rechnung. Außerdem müssen Sie die Umsatzsteuer entrichten, wenn Sie nicht Kleinunternehmer und damit von der Umsatzsteuer befreit sind. Je nachdem, in welchem beruflichen Umfeld Sie sich bewegen und wie hoch Ihr Umsatz ist, können auch weitere Steuern auf Sie zukommen. Die Körperschafts- und Gewerbesteuer könnte beispielsweise relevant werden.

Welche Rechtsform ist die richtige?

Zum Start der Selbstständigkeit entscheiden sich viele Unternehmer für das Einzelunternehmen. Dieses ist schnell gegründet und bringt keine großen Formalitäten mit sich. Sind Sie hingegen auf der Suche nach Investoren, kann es sinnvoller sein, eine Kapitalgesellschaft zu gründen, etwa eine UG oder eine GmbH.

Woher bekomme ich Beratung?

Beratungsangebote für Gründungswillige gibt es viele. Die IHK oder HWK bieten Coachings für Gründer. Daneben gibt es auch private Verbände, die teilweise sogar kostenlos Gründer beraten. Im Rahmen eines staatlichen Gründerzuschusses kann auch ein kostenpflichtiges Coaching übernommen werden. Zudem kann es sinnvoll sein, einen Steuerberater für den schwierigen Bereich der steuerlichen Fragen zu engagieren.

Ab wann gilt man als selbstständig?

Die gesetzliche Krankenkasse, in der Sie als Angestellter versichert waren, wird wissen wollen, ob Sie haupt- oder nebenberuflich selbstständig sind. Bei nebenberuflicher Selbstständigkeit können Sie gesetzlich krankenversichert bleiben. Unabhängig von der Versicherungspflicht gelten Sie ab dem Zeitpunkt der Gewerbeanmeldung als selbstständig und haben damit gegenüber dem Finanzamt die entsprechenden Rechte und Pflichten. Gegenüber Kunden können Sie schon vor der Gewerbeanmeldung als Unternehmen in Gründung auftreten und erste Aufträge akquirieren. Bedenken Sie aber, dass sie dem Kunden erst dann eine Rechnung stellen können, wenn das Unternehmen per Gewerbeanmeldung gegründet ist.

Schlusswort: Die 10 wichtigsten Schritte in die Selbstständigkeit

Fühlen Sie sich fit für den Schritt in die Selbstständigkeit? Vorfreude, aber auch Angst und Befürchtungen sind vollkommen normal. Wichtig ist nur, dass Sie nicht den Überblick über Ihren Fahrplan verlieren. Deswegen finden Sie hier noch einmal die wichtigsten 10 Schritte auf dem Weg in die Selbstständigkeit.

1. Die einzigartige Geschäftsidee

Essenziell für Ihre Selbstständigkeit ist die Geschäftsidee. Gibt es das schon auf dem Markt? Wenn ja: Was macht Ihre Idee anders als die der Mitbewerber? Weswegen werden die Kunden gerade zu Ihnen kommen? Wenn es Ihre Idee noch nicht auf dem Markt gibt, dann müssen Sie sich darüber im Klaren sein, warum Kunden Ihr Produkt oder Ihre Dienstleistung brauchen werden und welches Hauptargument für den Kauf für den Kunden zählt. Arbeiten Sie hier mit der Methode der SWOT-Analyse.

2. Rechtliche Rahmenbedingungen Ihrer Geschäftsidee

Die Geschäftsidee ist klar, doch wie sieht es mit rechtlichen Rahmenbedingungen aus? Informieren Sie sich umfassend über Ihre rechtlichen Pflichten bei der Umsetzung Ihrer Geschäftsidee. Handelt es sich um ein genehmigungspflichtiges Gewerbe? Planen Sie Zeit ein, diese Genehmigungen einzuholen. Oder müssen Sie dafür noch eine Fortbildung oder ein Zeugnis ablegen? Auch das kann Zeit kosten, die Sie einplanen müssen.

3. Der Businessplan

Schreiben Sie einen Businessplan, auch wenn Sie diesen nur für sich selbst und nicht etwa für die Gewinnung von Investoren benötigen. Der Businessplan wird viele Fragen beantworten, die für die Selbstständigkeit wichtig sind. Er dient Ihnen gleichzeitig zur Dokumentation Ihrer Geschäftsidee. Wollen Sie hingegen mit dem Businessplan Investoren gewinnen, dann planen Sie die Zeit ein, diesen von einem Fachmann (etwa bei der IHK) überprüfen zu lassen.

4. Der Cashflow

Womit werden sie Geld verdienen? Welche Kosten werden Ihnen durch die Selbstständigkeit entstehen? Der Cashflow ist Teil des Businessplans, jedoch müssen Sie gerade in diesen Aspekt Sorgfalt investieren. Je besser Sie Ihren eigenen Cashflow kennen, desto besser können Sie finanziell planen und desto abgesicherter sind Sie gegen unvorhergesehene Herausforderungen auf dem Weg in die Selbstständigkeit. Gerade in der Gründungsphase gibt es kaum eine größere Herausforderung als Kosten, die Sie nicht eingeplant haben und die Sie trotzdem decken müssen.

5. Die Finanzierung

Benötigen Sie finanzielle Mittel für die Gründung? Auch dieser Faktor wird von Gründern gerne unterschätzt. Planen Sie sorgfältig, welche finanziellen Mittel Sie brauchen und woher diese kommen sollen. Können Sie die Gründung aus eigener Tasche zahlen? Oder werden Sie einen Kredit oder eine Gründungsförderung benötigen? Bedenken Sie unbedingt, dass Anträge auf Förderungen oder Kreditanträge bei der Bank Zeit und sorgfältige Vorbereitung in Anspruch nehmen. Denn wenn finanzielle Mittel auf sich warten lassen, mit denen Sie geplant haben, können Sie ihren Zeitplan bis zur Gründung nicht einhalten.

6. Anschaffungen und Fachwissen

Welche Anschaffungen müssen Sie zur Ausübung ihrer Selbstständigkeit noch tätigen? Müssen Sie sich weiteres Fachwissen aneignen, um diesem Beruf selbstständig nachgehen zu können? Planen Sie das in die Finanzierung ein, aber auch in Ihren zeitlichen Ablauf. Manches kann natürlich auch nach der Gründung noch erledigt werden, wenn es zunächst auch ohne geht. Wenn jedoch Anschaffungen getätigt werden müssen, ohne die Sie nicht arbeiten können, machen Sie sich darüber unbedingt rechtzeitig Gedanken.

7. Wichtige Dienstleister

Welche Bestandteile Ihrer täglichen Arbeit können Sie selbst erledigen und wo benötigen Sie fachliche Unterstützung? Wichtige Dienstleister sind insbesondere Steuerberater, Gründungsberater oder auch Fachleute für Marketing. Bei diesen Dienstleistern ist es ähnlich wie bei einem guten Hausarzt. Sie möchten sich nicht von jedem behandeln lassen, genauso möchten Sie sich auch nicht von jedem beraten lassen. Das Verhältnis muss stimmig sein und natürlich müssen Sie sich den Dienstleister auch leisten können und wollen. Nehmen Sie sich deswegen schon vor der Gründung die Zeit, verschiedene Dienstleister kennenzulernen und denjenigen auszuwählen, bei dem Sie sich gut aufgehoben fühlen.

8. Versicherungen

Verschaffen Sie sich einen Überblick darüber, welche Versicherungen für Ihren Beruf verpflichtend sind und welche optional, aber möglicherweise sinnvoll. Die wichtigste Versicherung für alle Selbstständigen ist die Kranken- und Pflegeversicherung. Diese wichtige Entscheidung über Ihre Gesundheit müssen Sie gut überlegt und informiert treffen. Weitere Pflichtversicherungen müssen zum Zeitpunkt der Gewerbeanmeldung vorhanden sein, denn andernfalls können Sie nicht abgesichert arbeiten oder gar das Gewerbe nicht anmelden. Zusätzliche sinnvolle Versicherungen sollten schon zu Beginn Ihrer gewerblichen Tätigkeit abgeschlossen sein, damit Sie im Falle eines Schadens abgesichert sind.

9. Das Marketing-Konzept

Bevor Sie gründen, sollten Sie ein ausgearbeitetes Marketing-Konzept vorweisen können. Auf diese Weise treten Sie mit einer klaren, für den Kunden verständlichen Identität und mit einem deutlichen Wertversprechen auf. Auch das Thema Neukundengewinnung ist Ihnen strategisch klar und Sie brauchen diese Schritte nun nur noch auszuführen. Vor allem aber braucht gutes Marketing Zeit, die Sie im laufenden Betrieb womöglich nicht mehr haben.

10. Der Zeitplan

Der wichtigste Schritt der Selbstständigkeit ist Ihr Zeitplan. Sie können einen einfachen Kalender nutzen, um wichtige strategische Meilensteine Ihrer Gründung zu dokumentieren, Sie können mit einem Kanban-Board arbeiten und die Gründung wie ein Projekt betreiben oder Ihre ganz eigene Methode des Zeitmanagements nutzen. Die Methode ist zweitrangig. Wichtig ist, dass Sie ein klares Zeitmanagement haben und sich damit selbst einen eindeutigen Fahrplan geben.

Impressum

Deutschsprachige Erstausgabe 2023

Jens Steingröver / Dannhalmsburg 27 / 26441 Jever

Lektorat: Margitta Schunke

Illustration & Bilder: Für alle Bilder und das Cover liegen die Lizenzen vor.

Herstellung und Verlag: RPU Verlag

Taschenbuch ISBN: 978-3-910390-10-2

Haftungsausschluss

Urheberrecht

Printed in Poland
by Amazon Fulfillment
Poland Sp. z o.o., Wrocław

20407138R20083